Gudrun Mangold

Der *originale* Palmer-Schnitt

Spitzenerträge im Streuobstbau

Gudrun Mangold
Der originale Palmer-Schnitt
Spitzenerträge im Streuobstbau

Der originale Palmer-Schnitt

Helmut Palmer, bekannt als „Remstal-Rebell", hat den Obstbau in Württemberg und weit darüber hinaus revolutioniert - zahllose von Palmer gepflegte Obstbäume sprechen für sich.

„Wenig Äste - viel Licht, viel Qualität!" war Palmers Prinzip, das er bei hervorragenden Obstbauern in der Schweiz gelernt hatte. Zurück in Württemberg zeigte er den „Stückles-Besitzern" landauf, landab, wie sie gesunde, stabile Bäume voller süßer, wohlschmeckender Früchte bekommen können.

Doch im Schwäbischen pochte man traditionell auf: „Viel Holz, viel Äpfel!". Ein fataler Irrtum, wie man an zahllosen Krüppelbäumen mit ungenießbarem Schattenobst sieht. Sogar ein „württembergischer Obstbau-Krieg" brach aus, und Helmut Palmer wurde erbittert bekämpft.

„Die Oberen stutzen, damit die Unteren Licht bekommen!" - dieses basisdemokratische Prinzip nach Schweizer Vorbild fand Palmer nicht nur für den Obstbau bestens tauglich, sondern auch für die Politik. Das passte und passt verständlicherweise vielen nicht.

Andere hingegen waren und sind begeistert von Palmers Methode, die Obstbäume zu pflegen. Stellt sich doch in kürzester Zeit der Erfolg ein, und zwar garantiert: Weit ausladende Bäume, deren Fruchtäste sich biegen vor zuckerreichem Obst, das zum großen Teil sogar vom Boden aus zu pflücken ist!

„Jeder sein eigener Baumwart!", lautete Palmers These Nummer Eins.

Dieses Buch soll ein Beitrag dazu sein. In möglichst klarer Sprache habe ich versucht, das profunde Wissen meines Vaters umzusetzen., was sein dringlichster Wunsch war.

Erinnerung an Helmut Palmer
Von Manfred Rommel

Als Helmut Palmer Ende 2004 im Bewusstsein, in allernächster Zeit sterben zu müssen, in der Tübinger Universitätsklinik lag, telefonierte ich oft mit ihm, weil ich den Eindruck hatte, daß er meine Anrufe nicht als Belästigung empfand, sondern gerne mit mir sprach. Das heißt, meistens sprach er. Gelegentlich erkundigte er sich, ob ich noch am Apparat sei. Da äußerte sich das Misstrauen, das ihn immer wieder heimsuchte, was angesichts seiner an bitteren Erfahrungen reichen Lebensgeschichte nicht verwunderlich ist. Er wusste seit Monaten, daß sein Leben bald zu Ende geht. Der Krebs hatte von ihm Besitz ergriffen. Die Kunst der Ärzte konnte ihm nicht mehr helfen. In seinen letzten Wochen haderte er nicht mit seinem Los. Es ging ihm um die Sachen, für die er sich engagierte, gewiss um Politik, aber auch um den Oeschbergschnitt, für den er Jahrzehnte lang mit Inbrunst und Leidenschaft gekämpft hatte.

Ich hatte den Namen „Helmut Palmer“ das erste Mal Ende der Fünfzigerjahre gehört, als ich Regierungsassessor beim Landratsamt Ulm war und die Obstbauinspektoren des Landkreises klagend zu mir kamen. Ein junger Mann habe mit seiner „Schwertgosch“ die Obstbaumbesitzer verwirrt, so daß diese, die mit dem richtigen Glauben gekommen waren, mit dem falschen Glauben an den Oeschbergschnitt wieder gegangen wären. Dieser Redner und Oeschbergprophet war Helmut Palmer. Ich muss gestehen, daß mir Palmers Argumente damals einleuchteten, auch erinnerte ich mich kurz nach dem Zweiten juristischen Staatsexamen noch an die vom Grundgesetz gewährte Rede- und Meinungsfreiheit und meinte, man müsse Palmer gewähren lassen, das Richtige werde sich durchsetzen. Von der Sache selber verstand und verstehe ich nichts. Insbesondere weigerte ich mich, den Obstbaumschnitt selber zu praktizieren, zumal ich später sah, wie Palmer, mit einem Fuß auf der obersten Sprosse seiner Leiter und mit dem andern auf einem Ast mit rund drei Zentimeter Durchmesser stehend, sein gefährliches Kunsthandwerk ausübte. Was er unternahm, tat er mit Leidenschaft, die zu empfinden nach Max Weber eine wichtige Eigenschaft eines Politikers sein muss. Mit Leidenschaft betätigte er sich nicht nur im Obstbau, sondern auch in der Politik. Er fragte bei seinen vielen Bewerbungen um politische Ämter nicht nach Nutzen und Vorteilen, es ging ihm wesentlich darum, Leben in die Wahlkämpfe zu bringen. Und bei Gott, das gelang ihm auch. Er kämpfte gegen Behördenfehler, zum Beispiel gegen Gefahrenquellen durch Straßenbäume und

Leitplanken, allgemein für die stärkere Berücksichtigung des Volkswillens usw. Mich holte er einmal, einer spontanen Eingebung folgend, an einem Samstag mit seinem Geschäftswagen ab, um mich auf Gefahrenstellen für den Kraftverkehr aufmerksam zu machen.

Als glänzender Redner war er in der Wahl seiner Worte nicht zimperlich. Was er empfand oder dachte, musste auch gesagt sein. Von Vertretern der Obrigkeit, ob Oberbürgermeister, Abgeordneter oder Polizeibeamter, ließ er sich nicht einschüchtern. So kam es, daß er über ein beachtliches Strafregister verfügte, darunter kein Delikt, das er im eigenen Interesse begangen hatte, sondern Widerstand gegen die Staatsgewalt, Beleidigung, Hausfriedensbruch in Behörden und Gerichten. Er konnte es einfach nicht ertragen, grob angefasst oder angeschnauzt oder ironisch angeredet zu werden, wohl auch eine Folge seiner traurigen Jugend im NS-Staat. Die Justiz kam mit ihm nicht zurecht. Ich weiß nicht, ob er jemals wirklich ein politisches, insbesondere kommunales Amt anstrebte. In Schwäbisch Hall wäre er beinahe zum Oberbürgermeister gewählt worden. Ich schließe gar nicht aus, daß er ein guter Bürgermeister geworden wäre, wenn die Mitarbeiter sich auf ihn eingestellt hätten, denn er war ein intelligenter, wenngleich nicht immer kluger Mensch, der es jedenfalls gut meinte. Hätte er seine Intelligenz, seine Arbeitsenergie und seine mächtige Beredsamkeit in den Dienst seines Obst-

Aus Kontrahenten wurden Freunde – Helmut Palmer und Manfred Rommel im Wahlkampf um den Stuttgarter OB-Sessel 1974.

und Gemüsegeschäfts gestellt, er wäre ein steinreicher Mann geworden. Aber dann wäre Palmer nicht Palmer geblieben. Seine Identität hätte er um keinen Preis aufgegeben. So behalten wir ihn in Erinnerung, als einen ungewöhnlichen Menschen, der Respekt verdient. Respekt verdient auch seine Familie, die eine so anstrengende Persönlichkeit wie ihn ertragen hat.

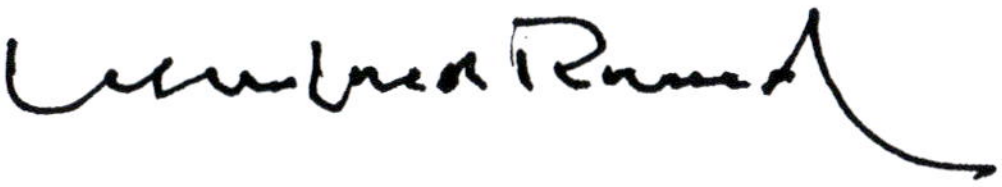

Helmut Palmer – Obstbau aus Passion

Lehr- und Wanderjahre

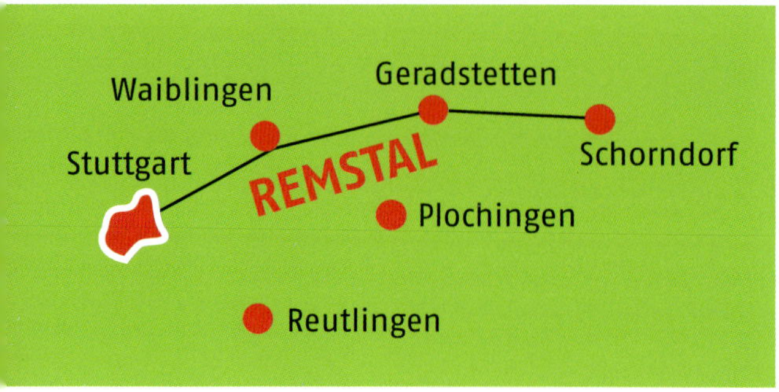

Das Remstal nahe Stuttgart und dort das Winzer- und Obstbauerndorf Geradstetten ist die Heimat von Helmut Palmer. 1930 geboren als Sohn eines jüdischen Vaters, wuchs er bei den Großeltern mütterlicherseits auf. Sie schützten ihn nach Kräften. Dennoch hatte es der Junge in Nazi-Deutschland nicht leicht.

„Aus leidenschaftlichem Interesse am Obstbau" begann Palmer 1945 eine Lehre in der Fellbacher Baumschule Schönemann, wechselte dann zur Baumschule Hess am gleichen Ort und schloss 1948 die Gesellenprüfung ab. Längst hatte Palmer zu spüren bekommen, daß der Judenhass auch nach dem Ende des Nazi-Regimes fortbestand. In dieser Zeit schickten die Schweizer so genannte „Liebesgabenpakete" in das zerstörte Deutschland. Eines davon brachte Palmers jüngere Cousine von der Kinderkirche mit nach Hause. Palmer nahm Kontakt zu den Absendern auf, einer Familie Vontobel aus Mettmenstetten, Kanton Zürich. Dies entsprach ganz dem Rat von Großvater August Palmer, dem die liberale Schweiz der bessere Ort für seinen geplagten Enkel schien. Tatsächlich boten die Vontobels und später auch ihr Nachbar Max Suter dem Jungen Arbeit auf Hof und Feld an. 18-jährig machte sich Palmer auf nach Mettmenstetten, um am Fuß des Albis den Schweizer Obstbau kennen zu lernen.

Lehrjahre

„Beim außerordentlich tüchtigen Schönemann, der aus kleinsten Anfängen eine Baumschule von 180 Morgen geschaffen hatte, begann ich kurz vor Kriegsende, das Handwerk eines Obstgärtners zu erlernen. Der brave Fachmann hatte, obwohl Parteigenosse, über den „jüdischen Mischling ersten Grades" auf der braunen Karte hinweggesehen, freundlich genickt und am dritten Tag mir Mut gemacht: „Aus dir wird was." Helmut Palmer sagte bereits damals, was er dachte – auch daß es nicht recht sei, daß frühere Soldaten, die jetzt in der Baumschule arbeiteten, ihrer und seiner Meinung nach zu schlecht verpflegt wurden. Dem jungen Schwiegersohn kam dies zu Ohren. „Am gleichen Tag zog der neue Herr des Hauses in einem unbewachten Augenblick mich fünfzehnjährigen Lehrling

in sein Büro, schloss es ab, und dann schlug er mich, ohne ein Wort, windelweich.

So wechselte ich zum Gärtner Ernst Hess gleich gegenüber. Daß der neue Ausbilder gelegentlich einen Württemberger Fellbacher über den Durst trank, hat mich nie gestört. Ich lernte viel und gut bei ihm, traf auch mit allen meinen anderen Fragen auf viel Verständnis und genoss die mir großzügig gewährte Freiheit. So führte mich an den Abenden die Bahn ins benachbarte Stuttgart, ich besuchte die verschiedensten Parteiversammlungen, hörte den Landesbischof Wurm und war besonders beeindruckt von Pastor Niemöller, der gerade aus dem Konzentrationslager gekommen war. Wie ein Keulenschlag traf mich das Wort eines Schweizer Journalisten, das damals um den Erdball ging: „Den deutschen Teig, den kann man kneten, es kommt nur auf den Herrn im Backhaus an." Ich glaube, das war der Augenblick, in dem ich mir vornahm: Mich knetet man nicht. Ich will ein freier Mensch sein. Die Angebote, mir wegen meiner teiljüdischen Abstammung Sonderrechte zu gewähren, habe ich zurückgewiesen. Ich wollte frei sein, endlich ich selbst, ein Deutscher wie alle anderen auch in dieser Hungerszeit. Mein Hörsaal war das Leben, und ich hörte viel. Sollte ich von neuem Unrecht erfahren, und da murmelten bereits die Bäche, dann wollte ich, das war mein fester Entschluss, meinen Mann stehen. Weniger werden die Menschen, das erkannte ich in Stuttgart bei dem Wort

Helmut Palmer

von der „Knetmasse", durch Taten schuldig, vielmehr ist es das Untätigbleiben, das sie in Schuld verstrickt. So hat mein damaliger Entschluss, mich durch keine alten oder neuen Machthaber weich machen zu lassen, meinen Weg bestimmt. Die Prüfung im Fach Baumschule bestand ich mit einem „Sehr gut". Obwohl ich das Fach Obstbau nicht erlernt hatte, vieles hatte ich da jedoch ganz nebenbei von Kollegen erfahren, gab ich es als weiteres Prüfungsfach an. Die Note genügte mir, sie hieß „Befriedigend". So drängte es mich nach dem Abschluss im Jahr 1948 als Achtzehnjähriger nach draußen, ich nahm sozusagen den Wanderstab des Handwerksburschen in die Hand und strebte nach Süden."

Helmut Palmer vor seinem Haus in Geradstetten. Hier ist er bei den Großeltern aufgewachsen. Jede einzelne Fläche zwischen dem Fachwerk hat Palmer mit Sprüchen und Symbolen ausgefüllt und zahlreiche Schwalbennester am Haus angebracht.

Wanderjahre

„Der Pfarrer im Schweizer Mettmenstetten war ein Gottesmann von altem Schrot und Korn, der während des Krieges keine Predigt gehalten hatte, in der es nicht gegen die Hakenkreuz-Deutschen gegangen war. Als einer der ersten beschwor er, als Frieden geworden war, seine oft verständnislosen Eidgenossen, nach christlichem Gewissen jetzt den Geschlagenen im nördlichen Nachbarland beizustehen. Der Pfarrer hieß, daran erinnere ich mich, Hermann Kurz. Durch ihn erfuhr ich, daß es in seiner Gemeinde Arbeit und Fortbildung für Obstgärtner gäbe. Alles hing an einem Papier, an einer Ausreisegenehmigung. Mit einem Gang ins amerikanische Konsulat in Stuttgart wäre mir diese Genehmigung mit dem einfachen Satz „Ich bin Halbjude", so wie die Dinge angesehen wurden, sofort erteilt worden. Auf den Schritt verzichtete ich wie zuvor auf besondere Brotkarten. Mit meinem Personalausweis, dem Brief vom Pfarrer und einigen wenigen neuen Deutschen Mark machte ich mich auf nach Konstanz und tastete die Grenze ab, die erste meines Lebens. In der Nähe der Maschinenfabrik Fahr nahm mich ein Arbeiter in sein Haus, wir warteten die Nacht ab, dann führte er mich durch die Dunkelheit und flüsterte plötzlich: „Jetzt spring!" Unten auf der Schweizer Wiese wartete ich in einem Holzschuppen den prächtigen Sonnenaufgang dieses schönen Augusttages ab. Dann zog ich schnurstracks ins nächste Dorf, stellte mich dem Landgendarmen und der sagte „Grüezi", was ich nicht sogleich verstand. Von Mettmenstetten sprach ich, vom Pfarrer und von meinem Wunsch, die Schweizer Obstgärtnerei kennenzulernen. Dann wurde herumtelefoniert, offenbar mit Vorgesetzten, auch mit Leuten im Zürcherland, alles ging außerordentlich zivil vor sich, mich überkam eine große Ruhe. Der Uniformierte legte den Hörer nieder, schloss eine Schublade auf, gab mir Schweizer Geld, ohne Quittung, das mir später von einem Wochenlohn abgezogen wurde. Weit

lag das, was sich deutsches Berufsbeamtentum nennt, hinter mir. Der Schweizer Ordnungshüter begleitete mich zum Bahnhof, fragte nach Stuttgart, ob dort immer noch die Trümmer von Bombenangriffen lägen und wie viele Eier wir pro Woche bekämen. Wie viel? Leider war es nur ein halbes. Der Zug war elektrisch, bei uns liefen qualmende Dampfzüge, die Häuser waren unbeschädigt und hell gestrichen, das abendliche Zürich, in dem ich umsteigen musste, war neonbeleuchtet: ich glaubte, im siebenten Himmel zu sein. Auf einer Nebenstrecke ging es weiter, und auf dem dörflichen Bahnhof der Gemeinde Mettmenstetten holte mich der Bauer Alfred Suter ab, von dem ich im Lauf der Zeit außer dem Obstbau auch Schweizer Flüche lernte. Das „keibe Schwob" traf mich anfangs hart, dann sagte ich mir jedoch, daß auch bei uns ein pommerscher Landmann seinen polnischen Sommerarbeiter gelegentlich „verfluchter Pollak" geschimpft haben mag, wenn dem Gaul ein Hufeisen abfiel. Regelmäßig ging ich zu dem Pfarrer in die Kirche. Abends hörte ich andächtig dem Geläute der schweren Glocken zu, in meinem Heimatdorf bimmelte es, nachdem aus Kirchenglocken Kanonen geworden waren, nur aus Eisen. Die Zeitung aus Zürich kam dreimal täglich und mein Bauer las, ich kam aus dem Staunen nicht heraus, das Blatt dreimal täglich, die Morgen-, Mittags- und Abend-Ausgabe. Sehr eingehend beschäftigte er sich mit seiner

Ein Baum aus Palmers Lehrgemeinde Mettmenstetten in der Schweiz. An diesem Boskoop durfte Palmer 1948 seine ersten Schnittübungen machen. Der Baum trug des öfteren 1000 Kilo pro Jahr.

Fachzeitung für den Obstanbau, und im Haus gab es ein Telefon, das bei uns in jener Zeit nur der Landarzt hatte. Der Obstbau war damals in der Schweiz dem unseren um viele Jahre voraus. Unsere Männer hatten während des letzten Jahrzehnts marschieren und in Lagern hocken müssen. Der Krieg ist also nicht der Vater aller Dinge, der Vater des Obstanbaus auf jeden Fall nicht. Nach der Arbeit mit dem täglichen Blick aufs Berner Oberland fuhr mich das abendliche Zügli nach Zürich zu fachlichen Kurzkursen. Bald hatte ich erfasst, was bei uns anders gemacht werden musste, und mein Entschluss, das neue Wissen in meiner noch immer daniederliegenden Heimat zu verbreiten, war gefasst."

Der württembergische Obstbau-Krieg

Wofür und wogegen Helmut Palmer kämpfte, und weshalb er bekämpft wurde

In der Schweiz lernte Palmer einen völlig neuen Kronen-Aufbau für Obstbäume kennen – den sogenannten Oeschberg-Schnitt. Es war das genaue Gegenteil dessen, was man in Württemberg lehrte.

Helmut Palmer mit einem veredelten Hochstamm 1956 in der Anlage Hoffmann in Owen unter der Teck. Unterlage „Mautzen" fünfjährig, ungefähr 30 Edelreiser.

Die Vorteile der damals auch in der Schweiz revolutionären Oeschberg-Kronen waren bestechend. Die so geschnittenen Bäume trugen süßeres und schöneres Obst, und waren zudem leichter abzuernten.

Voller Enthusiasmus kehrte Palmer 1950 nach Deutschland zurück, um in seiner Heimat den neuen Schnitt bekannt zu machen. Doch zu Hause angekommen wurde der Oeschberg-Schnitt samt Palmer aufs Heftigste bekämpft. Palmer: „Mein Auftritt war eine fachliche Sensation, stülpte er doch in der Tat die gesamte bisherige Obstbaulehre um. Vor allem und am meisten erregend war für die Fachwelt und die sich als solche hielten die Palmersche These Nr. 1: Jeder sein eigener Baumwart!"

Palmer pfiff landauf, landab zum Angriff auf „gschwollene Baumwarte", die so taten, als seien Schnitt und Veredlung eine Art Geheimwissenschaft, die letztlich nur sie selbst beherrschen könnten. Was Palmer gelernt hatte und weitergeben wollte, war jedoch weder kompliziert noch schwer anzuwenden. Die Oeschberg-Methode folgt vielmehr sehr klaren und einfachen Maximen, die sich jeder Obstbauer aneignen kann.

Das von Palmer in der Schweiz so bewunderte basis-demokratische Prinzip erkannte er auch in den Bäumen wieder: mit dem Oeschberg-Schnitt erhalte

Mustergültige Kirschanlage in Palmers Lehrgemeinde Mettmenstetten in der Schweiz, Hofgut „Paradies“

Ein Meterstamm im zweiten Pflanzjahr. Der Rückschnitt war zu gering, der Austrieb dementsprechend zu schwach. Im ersten Pflanzjahr sollte man nicht mehr als etwa zehn Zentimeter pro Jungtrieb belassen.

man eine demokratische Krone – „jeder Ast hat das gleiche Recht“. Seinen Landsleuten diesseits des Bodensees jedoch attestierte Palmer, ihre Bäume gleich einer Diktatur zu misshandeln, was nur zu Nachteilen führe. Eine stark dominierende Mitte, wie sie die in Württemberg verbreiteten Pyramiden-Kronen ausweisen, begünstige die oberen Äste und lasse die unteren, welche bei einem Obstbaum doch die wertvollsten sind, absterben. Palmers Auftritte lösten nicht weniger als den „Württembergischen Obstbaukrieg“ aus. Der wortgewaltige Remstäler erntete bei der Basis, den Obstbauern selbst, viel Neugier und Zuspruch. Unbeirrt von Anfeindungen seitens der „Amtlichen“ zog Palmer durchs Land, demonstrierte begeistert die neue Schnitt-Methode und schlug die Leute nicht zuletzt durch seinen Unterhaltungswert in Bann.

Palmers Schnittkurse wurden ihm mehr und mehr zum Forum für geharnischte obstbaupolitische Rundumschläge. In Verbänden und Behörden stießen Palmers Ansichten nur vereinzelt auf Zustimmung. Zu diesen wenigen Befürwortern gehörte Obstbauinspektor Gottlob Stößer aus Schorndorf, der bereits 1952 bestätigte: „Der Unterschied zwischen dem württembergischen und dem schweizerischen Schnitt ist, daß das erstgewachsene Holz bei der Schweizer Methode erhalten bleibt, aber bei der württembergischen abstirbt. Diese Kraftvergeudung wird mit dem Oeschberg-Schnitt vermieden.“ Vorwiegend schlug Palmer bei offiziellen Institutionen jedoch blanke Ablehnung entgegen. So unterstellte ihm ein Kreisobstbauvorsitzender gar, Palmer wolle den Morgethau-Plan zur Ausführung bringen.

Kirschenanlage in Beuren bei Nürtingen. An den meisten dieser Bäume ist das Wertvollste, der Unt bau, vernachlässigt, und die Mitte zieht davon. Der Pfahl soll zeigen, wo es fehlt. Dort müsste ein stabiler Leitast erzogen sein. Dies wäre noch mög lich, wenn die Mitte stark gedrückt würde, indem man jeden zweiten Fruchtast ganz entfernt und c verbleibenden auf ein Drittel einkürzt.

Eine von Palmer nach Schweizer Vorbild umgestellte Obstanlage in Krehwinkel bei Schorndorf, Anlage Kuhnle.

Viel Licht, viel Qualität

„Als Zwanzigjähriger kehrte ich heim und nahm sofort meine Vortragstätigkeit auf. Was ich bis dahin nicht wusste: Ich zog die Leute an. Die ältesten Obstbauern hörten geduldig zu, stellten sachverständig ihre Fragen. Wer von ihnen Zutrauen gefasst hatte, überließ mir einen Teil seiner Obstbäume zum neuen Schnitt. Meine Schweizer Formel hieß: „Wenig Äste, viel Licht, viel Qualität.“ Sie passte nicht ohne weiteres zum geldbewussten Denken des

Schwaben und zur bisherigen Formel: „Viel Holz, viel Äpfel." So zog ich von Dorf zu Dorf, von Weiler zu Weiler, redete und sägte Bäume aus. Vor einem Onkel, bei dem ich ungefragt den vielen Schatten aus einem Baum geschnitten hatte, musste ich fliehen. Seine Drohung, mich mit der Axt zu erschlagen, hatte er leider ernst gemeint. Das Land war in Aufruhr, in der Presse gab es Schlagzeilen, es kam zum damals so genannten „Württembergischen Obstbaukrieg". Heimatblätter wünschten den parteilosen Helmut Palmer im Bundestag zu sehen. Da trat der alte „Reichsnährstand" auf den Plan. Die wieder aufgetauchten amtlich bestallten Obstbauinspektoren hatten auch auf ihrem Fachgebiet nichts hinzugelernt. Sie bewogen die Landratsämter, in öffentlichen Verlautbarungen vor mir zu warnen. Als das nicht viel nützte – wer liest schon öffentliche Verlautbarungen? –, da setzten sie die schreckliche Waffe der Flüsterpropaganda, der amtlichen Verleumdung ein: Juristisch vorgebildete Amtspersonen hatten allerdings nur einen 'Eindruck': „Wir haben nicht den Eindruck, daß Helmut Palmer gekommen ist, um im Obstbau zu helfen. Wir haben vielmehr den Eindruck, daß er gekommen ist, um Bäume zu zerschneiden, daß er gekommen ist, um die hiesigen Obstbauern an ihrem Portemonnaie zu erleichtern." Heute hat sich die von mir aus der Schweiz mitgebrachte Methode durchgesetzt, der Erfolg stellte sich nach einigen Jahren ein, er war sichtbar. Der Igel jedoch war, wieder einmal, vor dem Hasen da – die landwirtschaflichen Beamten, die hinhaltenden Hinderer, sprachen sich, als Erfolge sich nicht mehr verheimlichen ließen, die Verdienste für den neuen Schnitt gegenseitig zu, hefteten sich die Verdienstkreuze gegenseitig an. Aus der Schweiz hatten sie, als sie endlich etwas merkten, einen Berater mit Beratervertrag kommen

Helmut Palmer in einer Anlage in Köngen, Kreis Esslingen. Palmer kritisiert, dass diese Bäume viel zu schnell in die Höhe gegangen sind und die wichtigsten Merkmale einer rationellen Baumkrone im unteren Drittel fehlen. Wie die bekleidenden Fruchtäste verlaufen sollten, demonstriert Palmer mit seinen Armen.

lassen, der nichts anderes befürwortete als den durch Palmer bereits bekannten neuen Schnitt, den ich von Heilbronn bis zum Bodensee, zwischen Pforzheim und Aalen an Zigtausenden von Obstbäumen im Lauf mancher Jahre angebracht hatte. Stuttgarts Oberbürgermeister Rommel tröstete: „Herr Palmer, eigentlich müssten ja Sie ein Verdienstkreuz bekommen", aber Verdienstkreuze bekommen bei uns in erster Linie Beamte. Meine Obstbauernvereinigung, die über 2000 Mitglieder zählte, wurde von den Beamten zerschlagen, langsam aber sicher. Und zwar mit einer ganz einfachen Parole. Den Bauern brauchte nur gedroht zu werden: „Wer sich weiterhin mit Palmer einlässt, der darf mit weiteren Staatszuschüssen nicht unbedingt rechnen." Man sieht, wozu die amtlich so beliebten Subventionen gut sind, sie sind Zuckerbrot und Peitsche zugleich."

1952 erschien Palmers erste Broschüre zum Obstbau mit sechzig Bildern: „Leitfaden für den Intensiv- und Liebhaber-Obstbau mit Beerenschnitt – kurz und konkret". Das Büchlein war schnell ausverkauft und wurde viermal aufgelegt.

1952 erschien Palmers erste Broschüre zum Obstbau mit sechzig Bildern: „Leitfaden für den Intensiv- und Liebhaber-Obstbau mit Beerenschnitt – kurz und konkret". Das Büchlein war schnell ausverkauft und wurde vom Verlag Hauser in Metzingen viermal aufgelegt. In dieser, wie auch in allen seinen weiteren Publikationen zum Obstbau, plädierte Palmer „für einen besseren, einfacheren und natürlicheren Obstbau". Der Oeschberg-Schnitt war für ihn „der unüberbietbare Superlativ der Kronenerziehung aller Obstbäume".

Das herrschende Wirrwarr manifestierte sich für Palmer auch in ständig wechselnden Lehr-Methoden: „Die älteren Baumwarte unseres Landes können schon auf ein Dutzend Kronenerziehungssysteme zurückblicken – immer wurde behauptet, es sei das richtige." Dazu kamen noch sehr unterschiedliche Empfehlungen für die einzelnen Arten

Schnittkurs mit Helmut Palmer

von Obstbäumen. Für Palmer gab es jedoch im Wesentlichen nur einen einzigen Schnitt für alle Obstbäume, was die Sache ganz erheblich vereinfacht. Palmer gestand den damals in Württemberg bevorzugten Winkelmann-Wenkschen Methoden durchaus zu, daß man auch damit nach einer guten Belichtung suche – man erreiche dies jedoch nur teilweise, da man sich von dem Einbau von Hauptästen an der Mittelachse über der ersten Astpartie nicht trennen könne. Durch die zusätzliche Anordnung von Seitenästen und die Anordnung der Hauptäste von der Mittelachse auf Lücke „wurde die Baumkrone restlos verbaut und man konnte nur durch Jonglieren der Leitern ins Bauminnere gelangen", was insbesondere bei der Ernte hinderlich war. Die Oeschberg-Krone hingegen ist einfach und konsequent aufgebaut.

Sie besteht aus lediglich vier bis fünf Leitästen einschließlich der Mitte.
In der Schweiz hatte es in Jahrzehnten keinen größeren Umschwung in der Kronen-Erziehung gegeben. Das System überzeugte durch Erfolg. Wieso also nicht auch in Württemberg?
Daß der Oeschberg-Schnitt – und Palmer mit ihm – von Anfang an so heftig bekämpft wurde, hat viel mit der Mentalität zu tun. In Württemberg hieß die bis dahin geltende Devise: „viel Holz, viel Äpfel". Die Qualität ließ man dabei völlig außer Acht. Genau das Gegenteil, „wenig Holz, viel Licht, viel Qualität" war das, worauf Palmer nach Schweizer Vorbild setzte.
Das Misstrauen und der Hass gegenüber Palmer und seiner neuen Methode müssen groß gewesen sein. Sicher war es auch das Unbehagen, selbst in Frage gestellt zu werden. Seitens der Behörden und Verbände wurde Palmer teils offen bekämpft. Auch mit Mitteln, die nichts mehr mit einer sachlichen Auseinandersetzung zu tun hatten, sondern darauf zielten, Palmer auszuschalten. Es kursierte sogar eine Hetz-Schrift, die

Eine typische altwürttembergische Krone – mehrere Astserien übereinander bedeuten viele Schattenfrüchte.

mit den Worten begann: „Helmut Palmer ist der uneheliche Sohn…“ Palmer fragt sich, was hat das mit Boskoop und Birnen zu tun? Auch wurde behauptet, Palmer sei nur zwölf Tage in der Schweiz gewesen.

> *„Das Oeschberg-Verfahren kennt keine Seitenäste. Die Fruchtäste laufen parallel zu den Leitästen.“*

Die Skepsis gegenüber dem neuen Schnitt führt Palmer teilweise auch darauf zurück, das 1939 in Stuttgart auf der Reichsgartenschau tragischerweise ein Abdeck-Schnitt unter dem Namen Oeschberg gezeigt worden war, mit dem viel Schaden angerichtet wurde. Dieser Schnitt hatte außer dem Namen nichts zu tun mit dem, was Palmer aus der Schweiz mitgebracht hatte. Der 1939 in Stuttgart von einem Schweizer vorgeführte Abdeck-Schnitt war nur für fast ausgewachsene Bäume. Für junge Bäume jedoch ist dieser Schnitt völlig ungeeignet, führt unter anderem zu vielen so genannten Wasserschossen und damit auch zu viel unnötiger Arbeit. Für junge Steinobst-Bäume ist dieser Schnitt sogar tödlich.

Zu Recht waren also insbesondere jene der württembergischen „Stückles-Besitzer“ misstrauisch, die den damals in Stuttgart vorgeführten Schnitt nachgeahmt hatten. als Palmer sie dann wiederum just von einem Oeschberg-Schnitt überzeugen wollte. Sie hatten extrem schlechte Erfahrungen mit dem Namen Oeschberg-Schnitt gemacht: „Das haben wir alles probiert!“, „Des isch nix!“, lauteten ihre verständlichen Reaktionen. Palmer: „Man hat mich allenthalben auf einzelne verwilderte, abgedeckte Exemplare hingewiesen. Diese Bubikopf-Bäume wurden von mir von Anfang an als Kunsttrauerbäume bezeichnet.“ Was Palmer in der Schweiz als Oeschberg-Schnitt gelernt hatte und als erster in Deutschland vorstellte, war jedoch ein völlig neuer Aufbau für Jungbäume – weit entfernt von dem, was Jahre zuvor in Stuttgart gezeigt worden war.

Der signifikanteste Unterschied zum in Süddeutschland herkömmlichen Schnitt war die beschränkte Leitastzahl. Üblich gewesen war bislang ein Aufbau, den Palmer mit einem Weihnachtsbaum vergleicht: zwei, drei oder sogar vier Serien von Leitästen übereinander. Palmer erklärt diesen Pyramidenaufbau für völlig falsch, weil er nach innen wächst und den Unterbau kaputt macht. Beim Oeschberg-Schnitt ist es genau umgekehrt. Hier wird der untere Teil der Krone als am wertvollsten betrachtet. So vermeidet man einerseits Schattenfrüchte, andererseits ist der Baum leicht abzuernten.

Ein Musterbaum in Michelau, Gemeinde Rudersberg (eine „Ur-Palmer-Gemeinde"). Hektarweise hat man Palmer hier Bäume zur Verfügung gestellt. Auf dem Bild ein Brettacher am Ortseingang.

Erfolgreich und arm

„Der neue Schnitt hatte sich also durchgesetzt und ich war ohne Beschäftigung – und arm. Da der Erfolg ja immer erst nach einigen Jahren sichtbar wurde, hatte ich während meiner Reisezeit mit Vorträgen und dem Ausschneiden der Bäume nur das nötigste zum Leben verdient. Wohin ich gekommen war, der Zweifel war schon angemeldet und die Bauern sagten zum Abschluss in aller Regel sich und mir: „Wenn's gut wird, ist die Reklame für Palmer dann der beste Lohn." Mit einem Bankkredit kaufte ich mir einen Acker und begann mit dem Aufbau einer eigenen Obstgärtnerei. Als nach drei Jahren die Beerenanlagen in Schwung kamen, wollte ich bauen."

Im Rathaus von Köngen und im Baurechtsamt von Esslingen sagte man Palmer klipp und klar, man wolle ihn hier nicht haben. Palmer wandte sich daraufhin an einen Landwirtschaftsrat. *„Meine Rechnung schien aufzugehen, mir gegenüber war der Mann von äußerster Zuvorkommenheit, er rückte mir den Besucherstuhl zurecht und fragte nach meinem persönlichen Befinden. Ich gewann Zutrauen und da kam er*

Zweig eines Kardinal Bea in Korb/Remstal, den Helmut Palmer gepflegt hat

zur Sache, zum Baugesuch: „Aber, lieber Herr Palmer, Sie sind noch nicht verheiratet. Da wollen Sie bauen, an so einem abgelegenen Orte? Wenn Ihnen nun da etwas geschieht, da wo Sie alleine leben? Ich glaube kaum, daß so etwas genehmigt werden kann." Heute bedauere ich, daß ich dem Überfreundlichen nicht in die Gosch geschlagen habe.

Bauen durfte ich also nicht, so begann ich mit dem verdienten Geld in der Nähe, in Denkendorf, eine weit größere Baumschule anzupflanzen. Eines schönen Morgens fand ich alle unter Mühen und mit Freude angepflanzten Bäumchen abgeholzt oder herausgerissen. Als Täter machte ich das Autobahnbauamt ausfindig, das einer zu errichtenden Raststätte wegen keinerlei Rechtsanweisungen abgewartet hatte und die Schuld an der Zerstörung einigen sprachunkundigen Italienern in die Schuhe schob, die ganz sicherlich vom gleichen Amt einen Auftrag erhalten hatten und die nun ich ausfindig machen sollte. Natürlich waren die Italiener längst vom gleichen Amt über alle Berge zu einer anderen Bau- oder Zerstörungsstelle geschickt worden."

Auf dem Autobahnamt empfahl man Palmer, nichts wieder aufzubauen, andernfalls würde man zwangsenteignen lassen. So lag Palmers Land brach, durch lange Zeit. Als es schließlich ans Zahlen ging, fand man heraus, der Acker sei verwildert und nur noch wenig wert.

Palmer und die Politik

Über den Obstbau kam Palmer – nolens, volens – zur Politik. Im Januar 1957 hielt Palmer einen Schnittkurs in Hofen ab, einer kleinen Gemeinde im Landkreis Ludwigsburg. Dort suchte man gerade einen neuen Bürgermeister. Die Obstbauern waren beeindruckt nicht zuletzt davon, wie Palmer reden konnte. „Palmer, des wär' was für dich!", hieß es spontan. Man ermunterte den Remstäler, als Schultes zu kandidieren. Palmer lehnte ab, er wollte durchaus bei seinem Leisten bleiben. Dann überlegte er es sich doch und reichte seine Bewerbung noch knapp vor der Wahl ein. Die örtliche Zeitung berichtete, daß Palmers im Gasthaus Lamm abgehaltene Wahlversammlung „wie eine Bombe einschlug", und: „Kandidat Palmer, in weiten Kreisen Württembergs und darüber hinaus als Schrittmacher und Verfechter des Oeschberg-Schnitts bei allen Obstbau treibenden Landwirten bekannt, durfte eine wider Erwarten zahlreich erschienene Zuhörermenge begrüßen."

Mit dieser einen einzigen Wahlveranstaltung erhielt Palmer mehr als 20 Prozent der Stimmen. Es war die Initialzündung für seine mehr als dreihundert Kandidaturen bei Kommunal-, Landtags- und Bundestagswahlen,

Palmer im Haller Wahlkampf als Hecht im Karpfenteich – die Stadt am Kocher geriet in Aufruhr.

Helmut Palmer beim Wahlkampf in Heilbronn

> *Obstbau als Vorbild für die Politik: Man nimmt diejenigen Oberen weg, die den unteren das Licht nehmen. So haben auch die Kleinen von unten eine Chance."*

bei denen er der „Deutschen Beamten-Einheits-Partei"– womit er alle von links bis rechts meinte – nicht selten den Garaus machte. Eine Wahl ohne Palmer war in Württemberg bald nichts mehr wert. Stieg jedoch Palmer in den Ring, war klar, daß die Fetzen fliegen würden und jeder sein Fett abbekäme. Stand der Name Palmer auf dem Wahlzettel, stieg die Wahlbeteiligung enorm. Palmers Wahlkampf war beißend scharf, Entertainment pur. Der Publikumsmagnet nahm kein Blatt vor den Mund, nannte liebend gern Ross und Reiter. Amtliche Schreibtischtäter und insbesondere auch solche, die sich durch Untätigkeit auszeichneten, betitelte er lapidar und sehr zur Freude der unzufriedenen Bürgerschaft gern als „Sesselfurzer", „Tagdiebe" und „Faulenzer" oder er hielt seine Mitbewerber gleich „zum Bürgermeister geeignet wie ein Igel zum Arschputzen".

Palmer gebärdete sich als Hecht im Karpfenteich und die Wähler quittierten es. Bei der Bundestagswahl in Göppingen beispielsweise, sorgte der Remstal-Rebell für eine Sensation.

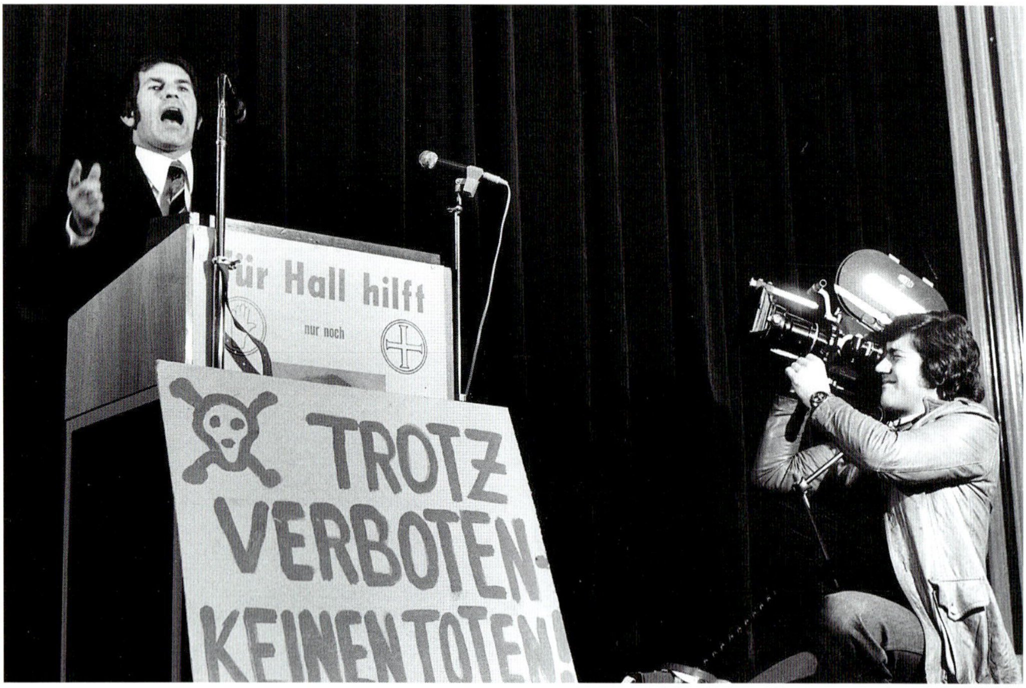

Reutlinger Generalanzeiger: „Der Name Hall erschien in der gesamten deutschen Presse. Funk- und Fernsehreporter bevölkerten die eher gemütlich wirkende Stadt ....“

Die Stuttgarter Nachrichten beschrieben am 8. März 1983: die „faustdicke Überraschung“: „Helmut Palmer, selbsternannter Bürgerrechtler, schnappte allen etablierten Bundestagsabgeordneten Erststimmen weg und kam auf 19,8 Prozent. So verlor Verteidigungsminister Manfred Wörner als einziger CDU-Kandidat im Land prozentual an Stimmen.“ Noch schlimmer traf es FDP-Staatssekretär Gallus, der von vorher 9,9 auf 3 Prozent abrutschte. Die Liste ließe sich fortsetzen.

Legendär war jedoch Palmers Wahlerfolg 1974 in Schwäbisch Hall, der bundesweit Schlagzeilen machte. Bereits im ersten Wahlgang holte der Remstal-Rebell 41 Prozent und lag damit weit vor seinen Gegenkandidaten. Der Auftritt Palmers wurde vom Reutlinger Generalanzeiger so beschrieben: „Weit über die Region hinaus hat dieses Ergebnis wie eine Bombe eingeschlagen. Der Name Hall erschien in der gesamten deutschen Presse, Funk- und Fernsehreporter bevölkerten die eher gemütlich wirkende Stadt am Kocher. Die Parteizentralen in und um Stuttgart wurden in höchstem Maße alarmiert.“

Die Kandidaten von CDU und SPD hatten im ersten Wahlgang zusammen! lediglich 27 Prozent der Stimmen erhalten, der parteilose Kandidat Binder 31 Prozent – was auch noch zehn Prozent weniger war als das Ergebnis von

Tausendsassa Palmer, der die Stadt am Kocher buchstäblich zum Kochen brachte.

Die Gegner Palmers versuchten, seinen Erfolg trotzdem noch herunterzureden, es seien ja lediglich Proteststimmen, gar nicht ernst gemeint, usw, was sich im zweiten Wahlgang erweisen werde. Getraut haben sie sich aber offenbar selber nicht. Man ersann deshalb folgende Strategie: alle, die bislang gegeneinander waren, waren nun auf einmal füreinander – und alle zusammen gegen Palmer - der, das war das Hauptziel, musste verhindert werden. Dafür ließ man die Parteifarben einfach für eine Weile bis zur Unkenntlichkeit verblassen. Die zwei Parteibuch-Kandidaten wurden aus dem Rennen genommen, alle Parteien von Hall sprachen sich nun einhellig für den parteilosen Kandidaten Friedrich Binder aus, bislang Schultes in Nellingen auf den Fildern. Der zweite Wahlgang war noch sensationeller als der erste: Helmut Palmer erhielt jetzt sogar 42 Prozent, noch mehr als beim ersten Mal. Nominell gewonnen hat trotzdem selbstverständlich Binder mit 57 Prozent.

Gefeiert wurde in der Wahlnacht jedoch Helmut Palmer. Man hievte ihn auf die Schultern. Mehr als Zehntausend Menschen versammelten sich nach der Auszählung auf dem Haller Marktplatz und der berühmten Freitreppe und skandierten für Palmer mit

Mehr als Zehntausend Menschen versammelten sich nach der Auszählung am Wahlabend auf dem Haller Marktplatz und auf der berühmten Freitreppe – und feierten Helmut Palmer

Sprechchören. Die Stuttgarter Zeitung schrieb: „Kurz vor 20 Uhr betrat unter Klatschen und Gejohle Helmut Palmer den Haller Marktplatz. Er sprach just von dem Orte aus, von dem er vor viereinhalb Monaten den in der 800jährigen Stadtgeschichte Halls wohl heißesten Wahlkampf eröffnet hatte, nämlich vom Pranger neben dem Marktbrunnen." Die Antrittsrede hingegen des faktisch gewählten OB Binder verhallte im Nichts. Die aufgebrachten Haller hatten kurzerhand die Lautsprecheranlage demoliert. Ohne Mikro kam das neue Stadtoberhaupt gegen Palmer und seine Fans nicht an und zog sich zurück.

Der Erfolg von Hall wiederholte sich für Palmer nicht. Dennoch konnte er bei zahlreichen Kandidaturen um ein Mandat in Land- oder Bundestag oder für den Sessel eines Bürger- oder Oberbürgermeisters 20, 25 Prozent oder mehr Stimmen für sich verbuchen, was für einen parteilosen Einzelkandidaten einmalig ist.

Auch in Stuttgart trat Palmer 1974 an. Klarer Wahlsieger wurde Manfred Rommel. Der jedoch schätzte den aufbrausenden Remstäler: „Der Palmer war mir rhetorisch überlegen". Rommel leistete Palmers spontaner Aufforderung ebenso spontan Folge und kletterte zu ihm in den Obstlaster. Palmer

Manfred Rommel und Helmut Palmer – freundschaftlich verbunden

kurvte das neue Stadtoberhaupt überall dorthin, wo nach Palmers Meinung der Verkehr besser geregelt werden musste, und Rommel setzte einiges davon tatsächlich in die Tat um. Die beiden Gegner respektierten sich und wurden Freunde.
So tolerant wie Rommel waren die wenigsten politisch Andersdenkenden Palmer gegenüber. In seiner Heimatgemeinde Geradstetten im Remstal schlugen Palmer von Anfang an teils offener Hass und Gewaltandrohungen entgegen, insbesondere der Bürgermeister war ein Palmer-Gegner.

Postkarte mit Folgen

Palmer beschloss, daß Berlin eine Reise wert sei. „Beim Abschied blickte mich der Großvater aus seinem Sessel traurig über die Ränder seiner Brille an. „Der Schwindel", hob er an, doch ich kam ihm zuvor: „... ist nicht vorbei. Der Schwindel ist größer geworden."
In Spandau stand Palmer vor den Gittern von Rudolf Heß. Nachdem seine Versuche, gegen den heimischen Bürgermeister juristisch vorzugehen, gescheitert waren, verspürte Palmer „plötzlich das Bedürfnis, in meinen Heimatort eine Berliner Ansichtspostkarte zu schreiben: „Sehr geehrter Herr Bürgermeister, in Spandau sind noch Zimmer frei. Helmut Palmer."
Palmers Fazit aus den nachfolgenden Erfahrungen: „So kam ich in Berührung mit dem, was Unwissende Rechtspflege nennen. Da sitzen also Richter und Staatsanwalt hoch oben und donnern gegen den unten sich die Beine in den Bauch stehenden Justizuntertanen („weil es der Wahrheitsfindung dient") um die Wette: „Schweigen Sie!" „Sie sind nicht gefragt!" Die Gewaltrede des Bürgermeisters, die durch meine Postkarte eine vergleichsweise harmlose Antwort erfahren hatte, gehörte fürs Gericht „nicht zur Sache". Da ich den Unabsetzbaren keine Hundedemut entgegengebracht hatte, bedachten sie mich mit der Höchststrafe für Postkarten, mit vier Wochen Gefängnis.
Palmer ließ sich dadurch nicht einschüchtern, sondern schrieb eine weitere Karte, diesmal an den Stuttgarter Landwirtschaftsminister, der laut Palmer „bei meiner Existenzvernichtung, bei all meinen Eingaben durch absolute Untätigkeit wirksam geworden war." Palmer erweiterte den Titel des Adressaten und ernannte den „vielseitig Untätigen" in seiner Glückwunschkarte zum „Minister für Landwirtschaft, Ernährung, Forsten, Weinbau, Blut und Boden. Führen Sie Ihren Titel bitte vollständig". Palmer: „Und daran muß wiederum etwas falsch gewesen sein, auf jeden Fall handelte ich mir erneut die Höchststrafe für Postkarten ein, auch dieses Mal vier Wochen Gefängnis."
Nach den beiden Postkarten brachte ein Oberlandwirtschaftsrat aus Waiblingen den Rebellen in Rage, der im Südwestfunk verlautbarte, „Die jetzt tragenden Obstanlagen, die hat der Herr Palmer ja gar nicht selber gepflanzt. Wenn er das

behauptet, dann schneidet er auf." Palmer hatte das auch nie behauptet. Aus vorhandenen Anpflanzungen hatte er mit seinem Schnitt Musteranlagen gemacht. Palmer, das gab er unumwunden zu, schlug dem Oberlandwirtschaftsrat „für die unerhörte Verdrehung" ins Gesicht. Wieder kam es zum Prozess. Palmer: Über den Schlag, den er ins Gesicht erhalten hatte, berichtete der Mann auf diese nicht mißzuverstehende Weise: „Palmer kam auf mich zu nicht wie ein Mitteleuropäer, mit blitzenden Augen kam er, nicht wie ein Mitteleuropäer, hohes Gericht."

Die Geschichte zog einen Rattenschwanz von weiteren Prozessen nach sich. Zunächst postierte sich Palmer in der Göppinger Zeitungsredaktion mit dem festen Versprechen, erst nach einer in die Druckmaschine gegebenen Gegendarstellung zu weichen. Eine Anzeige wegen Hausfriedensbruch war die Folge.

Vor Gericht gefragt, ob er nicht Mitglied des Jungvolks gewesen sei, gab Palmer nicht nur zu, daß er als Zehnjähriger in der Tat versucht habe, mit einem braunen Hemd weniger der Häme und Schlägen ausgesetzt zu sein – Palmer fragte den Richter auch seinerseits: „Und Sie, Herr Vorsitzender, waren Sie, der um zwei Jahrzehnte Ältere, zu jener Zeit in Berlin nicht in der NSDAP und in der SA gleichzeitig?" Das Gericht verzog sich in die hinteren Räume, nach kurzer Beratung marschierte der Richter mit den Schöffen in den Verhandlungssaal zurück: „Sofortige Verhaftung im Gerichtssaal wegen Ungebühr vor Gericht."

Am Gerichtsdiener vorbei sprang Palmer die Treppen des Amtsgerichts hinunter und flüchtete in die Schweiz. Bei seiner Rückkehr lief der Fahndungsbefehl bundesweit. Insgesamt, bilanziert Palmer, haben ihn die beiden Postkarten „nicht zweimal vier Wochen, sondern über ein Jahr meines Lebens in steinalten Bauten, in dunklen Zellen auf stinkenden Strohmatratzen gekostet. Zeitweise wurde ich geschlagen wie ein böser Hund. Als ich herauskam, fand ich auf meinen Feldern die Drähte aufgeschnitten, das Wild war hereingekommen, Tausende von Jungpflanzen sahen mich verdorrt und vorwurfsvoll an." So wurde aus dem Obstgärtner Palmer der Obsthändler Palmer wider Willen.

Palmer-Markt

„Der neue Anfang war sehr hart: Auf welchen Markt auch immer ich kam, die Herren von der Gewichtskontrolle standen schon im Anschlag. Während gemeinhin einmal im Jahr die Gewichte und die Waage geprüft werden, bei mir nahmen sie zwei-, dreimal täglich die Gewichte in die Hand, die kleinen Messingstücke betrachteten sie auffällig und für jeden Kunden sichtbar prüften sie oft eine halbe Stunde und mehr, bis sie endlich festgestellt hatten, daß auch

Helmut Palmer hinter seinem Markstand im Schwäbisch Haller Wahlkampf 1974. Auch der Obstverkauf war für Palmer Politik. Er bevorzugte heimische Ware, er bat die Kundschaft, umweltfreundliche Körbe und Taschen mitzubringen – und die Leute hörten ihm gern zu.

meine Gewichte geeicht waren. Die Lebensmittelkontrolleure folgten auf dem Fuße und wenn ich, wie in Esslingen, wo um elf Uhr Marktschluss ist, noch die um diese Zeit am Stand befindliche Kundschaft zu Ende bediente wie jeder andere, dann war die uniformierte Polizei schon zwei Minuten zuvor an meinem Stand. Meine Feststellung, daß doch auch auf der Post derjenige, der vor 18 Uhr das Amt betrete, seine Briefmarken kaufen könne, verfing so wenig wie der Hinweis, daß die letztanstehende Kundin seit genau elf Uhr mit einem geschenkten Säckchen Äpfel die Zuspätkommenden gerade abweise. Die feinen Redensarten der Amtsgewaltigen „Palmer, Sie haben einen Knall“ und „Dich schlagen wir gleich dahinten in die Oleanderbüsche“ wurden von den Zierden ihres Standes vor Gericht zugegeben (weil es Zeugen gab). Dennoch klagte kein Staatsanwalt die sogenannten Ordnungshüter je wegen Beleidigung oder Bedrohung eines Bürgers an, und selbstredend bewahrten die Bekenntnisse ihrer schönen Seelen mich auch nicht vor weiteren Gefängnisstrafen – wegen Polizisten-

Palmer - Postkarte, Marke Eigenproduktion

beleidigung. „Tagediebe" hatte ich geantwortet, das ist wahr. „Ein höflich Recht will gar nichts heißen", wie der Geheimrat Goethe es einmal niederschrieb."

So wie die Bäume für Palmer eine Art Kanzel waren, von denen herunter er Obstbau lehrte und politische Missstände anprangerte, so war nun auch der Markt ein treffliches neues Forum für die „Schwertgosch", wie man im Schwäbischen sein Redetalent gern bezeichnete. Seine Marktauftritte eskortierte Palmer mit kostspieligen Inseraten, in denen er sein aktuelles Angebot an Obst und Gemüse mit deftigen tagespolitischen Kommentaren versah und, je nachdem, zu Schnittkursen oder Wahlveranstaltungen lud. Die Annoncen Palmers bekamen Kult-Charakter. Viele suchten sie, wenn Markttag war, in ihrer Zeitung als erstes, denn daß man etwas zum Lachen hatte, war garantiert. Zu Kollisionen mit den Behörden kam es ständig – ob in Sachen Obstbau, Markt oder Politik, was bald nicht mehr zu trennen war. Palmer wollte den Obstbau reformieren und die Politik am besten gleich mit. Ein Vorsitzender Richter am Landgericht Stuttgart hielt Palmer vor, den billigen Beifall der Menge anzustreben. Palmer entgegnete, der Landgerichtsrat hätte seiner wirklichen Meinung doch freien Lauf lassen sollen, denn er habe sicher gemeint, „Beifall der billigen Menge".

Für Palmer waren Erhebungen über die soziale Herkunft der Richter aufschlussreich: „Sie haben fast ausschließlich Beamte des gehobenen oder höheren Dienstes zu Vätern. Für die Macht und gegen die Menschenwürde — für wen auch immer, so thront die Kaste über dem Volke. Sie sieht unser Erdendasein mit anderen Augen an, Brillen sind von alten Akten und von Gesetzbüchern aus dem vorigen Jahrhundert verstaubt."

Bei den Gesetzeswidrigkeiten Palmers ging es einige Male um Bäume am Straßenrand, die Palmer an- oder absägte, „weil Mitbürger bei Verkehrsunfällen getötet wurden, die sonst am Leben geblieben wären". Das Gericht urteilte: „Im Kern richtig erkannte Gefahren dürfen nicht zur unerlaubten Selbsthilfe führen. Es fehlt dem Angeklagten die Einsicht (Palmer: „wie wahr!"), daß Mißstände nur von den zuständigen Behörden beseitigt werden dürfen." (Palmer: „die hauptbeschäftigt schlafen".)

Gute Kameraden

„Bei Bäumen kenne ich mich aus. Im Januar 1979 versuchte ich, in Winnenden-Breuningsweiler eine der schönsten und größten Kastanien im Lande zu retten. Seit Generationen hatten sich die Menschen an lauen Sommerabenden unter diesem Baum zum Gespräch versammelt. Im Jahre 1871 pflanzten drei schwäbische Grenadiere die Kastanie, zum Dank dafür, daß sie aus der Schlacht von Sedan lebend heimgekehrt waren. Die weitere Lebenserwartung dieses Baumes lag zwischen 50 und 100 Jahren". Aufgrund des Gutachtens eines neuen Kreisobstbauinspektors wurde der Baum dennoch gefällt. „Die von mir einberufene Protestkundgebung, zu der bei eisigem Wind fast das ganze Dorf geeilt war, auch die 120 Unterschriften der betroffenen Bürger hatten Beamte nicht aufgehalten. … Die stumme Volkswut schlug sich nieder in dieser Traueranzeige: „… Nicht sanft entschlafen, sondern von den sonst Schlafenden meuchlings umgelegt." Bereits eine Woche nach der Protestkundgebung stand das Dorf wiederum an der gleichen Stelle, wir schauten auf den kerngesunden Baumstumpf. Zwei Glöcklein läuteten zum Sturm der Entrüstung. Eine Blaskapelle aus der Nachbargemeinde spielte den „Guten Kameraden". … „Mein Versuch, den zuständigen Oberbürgermeister zur Rede zu stellen, scheiterte an der klassischen beamtenhaften Feigheit." Palmer versuchte den OB nach der Vernichtung der Breuningsweiler Erinnerungskastanie anzurufen: „Der Herr Oberbürgermeister führt ein Gespräch", beschied mich eine Sekretärin. „Wir rufen zurück, Herr Palmer." Nach einer Stunde wurde ich ungeduldig und griff erneut zum Hörer. „Der Herr Oberbürgermeister ist gerade in Urlaub gefahren", verständigte mich die gleiche Sekretärin."

Palmer und die „Fachleute“

Ein extrem verunstalteter Brettacher, ¾-Stamm bei Nürtingen. Im Sommer ist dies ein einziger undurchlässiger Riesenschirm. Die Schnittarbeit ist ein viel zu hoher Aufwand. Vor allem wird das junge Holz immer entfernt, anstatt sinnvoll ausgewechselt.

Palmer nennt so etwas Trauerweiden-System – viel Arbeit und wenig Erfolg

Palmer nennt es eine „unglückselige Gegenreformation“ seit 1960, deren zentrale These der Umkipp-Schnitt ist, mit dem erheblicher Schaden angerichtet wurde. Durch diesen Schnitt wird der untere, wertvollste Teil des Baumes beschattet – Schattenfrüchte, Auskahlen und Absterben sind die Folge. Palmer wettert dagegen: „Diese verheerende primitive Schnittart führt zu chaotischen Verhältnissen, denn ein Boskoop, Berlepsch, Brettacher usw. kippt eben nicht, sondern steile Triebe gehen automatisch auf und davon, wenn daneben ein kürzer

Helmut Palmer in seinem Element bei einem Schnittkurs in Sachsenheim

geschnittener Leittrieb steht. Das Wachstumsgesetz heißt nämlich: Wer mehr Laub hat, wächst stärker."
Und: „Der Ertrag des Umkippverfahrens ist bei vielen Sorten wie etwa Goldparmäne, Ontario, Brettacher und Champagner weitaus geringer als bei einer richtig angewandten Kronenerziehung". Bei Jonathan und Golden Delicious könne man zwar mit diesem Schnitt – ausgeführt allerdings nur von Könnern, die es verstehen, im rechten Moment für Jungholzersatz zu sorgen – anfangs enorme Erträge erzielen. Auf Dauer schade man den Bäumen jedoch erheblich. „Die Fruchtäste kippen zu lassen, ist einfach unmöglich, wenn man Obstanlagen hat, die älter als zehn Jahre werden sollen."

„Verschnitte, Schnitteinander, Meinungsschnitte, Durchschnitte und der einzig richtige Schnitt" – Palmer blättert in Obstbau-Büchern

„Vor allem für den Laien Brauchbares fand ich beim Durchstöbern in einer Buchhandlung so gut wie nicht. Ein Durcheinander und Verschnitteinander in Wort und Bildern – man weiß wirklich nicht, was die schlimmste Darstellung zur Verunsicherung im Baumschnitt ist." Signifikant ist für Palmer: „weder in der kleinsten Schrift noch im größten Wälzer steht etwas anderes als: „Man schneide auf ein äußeres Auge".

Alles verkehrt: Die Äste kippen, es entstehen so genannte Wasserschosse, mehrere Leitastserien übereinander beschatten die unteren Partien

Von dem geradezu geniehaften Umkehraug-Verfahren ist nicht ein Wörtchen zu finden, obwohl das Umkehraug-Verfahren die größtmögliche Hilfe neben dem „Augen ausbrechen" und Abbinden von zu stark wachsenden Trieben ermöglicht."

Stattdessen werde mit dem „Wasser- und Schwamm-Begriff von Saftwaage" jongliert. Für Palmer ein „Unbegriff" und „reine Phantasie". Der Begriff diene nur zur Verwirrung. Schlimmer noch: „wer nach diesem Begriff einen Baum schneidet und daraus folgert, daß er sich nach dem schwächsten Trieb richten müsse, der verursacht in der Regel ungeheure Schäden, und beim Umpfropfen gehen solche Bäume meistens daran ein". Für den menschlich sozialen Bereich räumt Palmer ein, „wäre es schön, ja es wäre das Himmelreich auf Erden, wenn man sich nach dem Schwächsten ausrichten würde". Für Obstbäume gelte jedoch: wenn das stark und gut Wachsende zurückgestutzt werde wegen eines schwachen Triebs, „entstehen nicht wiedergutzumachende Schäden."

Für Palmer ist der Obstbau-Wirrwarr unerträglich – die Ursachen dafür sieht er nicht zuletzt in nach wie vor verbreiteten Irrlehren: In einem vielgekauften Büchlein heißt es „Der natürlichen Kronenentwicklung muss in vielen Fällen entgegengearbeitet werden". Exakt das Gegenteil vertritt Palmer: „Von der natürlichen Kronenentwicklung muss man lernen, den günstigsten Schnitt für Pflanze und Mensch herauszuarbeiten!" Weiter heißt es in dem Standardwerk, um bei Kirschen das „Sitzenbleiben" der Mitte zu vermeiden, müsse der Mitteltrieb den Leitästen in Höhe und Stärke klar überlegen sein. Palmer bezeichnet das als „Unsinn, denn bei Kirschen besteht immer wieder die Gefahr, daß der Mittelleitast durchgeht. Je niedriger und breiter der Baum, umso leichter ist doch die Ernte!" Wenn ein Mittelleitast bei Kirschen verkümmert, dann liegt das laut Palmer meist daran, daß drei oder vier Seitenleitäste quirlartig aus einem Astkranz herauskommen.

Palmer liest bei seinen Kontrahenten, es sei nicht ratsam, einen Afterleittrieb aufkommen zu lassen, dieser könne durch Entfernen der Knospe beim Rückschnitt des Leittriebes verhindert werden. Palmer: „Er muss verhindert werden!". Nach Palmer ist dies leicht zu erreichen, indem man nicht nur ein Auge entfernt, sondern mindestens ein Drittel der Augen ringsum am oberen Teil des Mittelleitastes.

Durch das Ausbrechen von nur einem so genannten A-Trieb springe nämlich automatisch jeweils das nächste, beziehungsweise je nach Vitalität und Sorteneigentümlichkeit sogar die nächsten zwei bis fünf Augen ein, um dem Mittelleitast gewissermaßen zu helfen, wieder eine Verlängerung zu bilden. Die Aussage, der Schnitt erleichtere das Ausdünnen, findet Palmer einfach lächerlich: „Richtig vorgeschnitten ist ein Ausdünnen so überflüssig wie ein Kropf." „In Windlagen sollte die Knospe auf der dem Wind zugekehrten Seite stehen" – so einen Satz bezeichnet Palmer als „Steinzeitschwulst" und sagt: „Genau das Gegenteil ist richtig, man benutze das simpel-einfache Umkehraug-Verfahren."

In einem der Büchlein wird in einer Skizze die Entfernung eines Leitastes auf der Astoberseite gezeigt und als Instandhaltungs-Schnitt bezeichnet. Palmer meint dazu: „Dies obwohl jeder Praktiker weiß, daß solche Wunden früher oder später den Tod eines Leitastes beziehungsweise Baumes bedeuten."

Manche „Fachleute" propagieren Sommerschnitt und Ausdünnung – Palmer sagt zu diesem Thema: „Wer die Leitäste an einem Baum richtig stellt zum Energieabzug und gleichzeitig zum Aufbau eines selbst tragenden Gerüstes in Verbindung mit ständiger Fruchtholzauswechslung, der braucht niemals einen Sommerschnitt und keine Fruchtausdünnung."

Als töricht bezeichnet Palmer die Aussage eines Kollegen, nach einem gewissen Erziehungsschnitt von etwa acht Jahren könne man einen Baum

durchaus wachsen lassen, und das weitere Anschneiden der Mitte sei nicht mehr notwendig.
„Schon nach drei Jahren ist dann die ganze Erziehung futsch. Die oberen, nicht mehr geschnittenen, stark in die Höhe schießenden Triebe werden je nach Sorte beim Ertrag sich umbiegen und als große Schirme die unteren Fruchtholzpartien zudecken. Das ist das Unerwünschteste überhaupt. Sollten sich die Äste jedoch nicht mit dem Ertrag umbiegen, dann gibt's hier nur steil aufschießende Holzäste, die sehr spät tragen, oder brüchige Sorten werden beim Ertrag dieser Äste abbrechen (auf schwäbisch: abfatzen). Das ist besonders bei gut wachsenden Sorten, wie etwa Jakob Fischer und bei vielen Zwetschgen der Fall."

Palmer nennt so etwas Elefantenrüsselschnitt: Die Äste kippen nach unten, der ganze Baum ist bis weit oben ausgekahlt und ohne Fruchtholz.

Tohuwabohu im württembergischen Obstbaukrieg – keine Zivilcourage und kein Friedensschluss nach 50 Jahren

Im Jahr 2000 schreibt Palmer: „Auf dem Hochsträßgebiet, zur Ulmer Alb gehörend, pflege ich auch noch ca. 200 Obstbäume.". Ein Schüler Palmers schien mit Schnittkursen ein ganz gutes "Gschäftle" zu machen. Palmer interessierte das näher: „Ich war bei einem seiner Kurse inkognito mit einer Perücke getarnt. Was ich allerdings in diesem Kurs hörte, kann ich nur so beschreiben: Jeder muß einen Kurs machen und wenn es nur ein Konkurs ist. Immerhin gab er dann, als ich das Geheimnis um meine Perücke lüftete, zu: "Ich glaube, das Umkehraug-Verfahren habe ich von Herrn Palmer gelernt". So ist es wohl. Bloß über Unterlagen – und das ist heutzutage, nachdem der Orkan Lothar eine neue Zeitenwende eingeleitet hat, unwahrscheinlich wichtig –, wußte er wirklich nicht im geringsten Bescheid. Er empfahl Halb- und Hochstämme auf stark wachsenden Typenunterlagen. Und dies ausgerechnet in der Gegend von der rauhen Alb, wo es ohnehin in der Regel zu wenig Niederschlag hat. Schließlich, das zeigen die da und dort entstehenden Windkraftanlagen deutlich, auf der Alb da geht ein Wind, und dies heißt, die beste Standfestigkeit gibt es nur bei Bäumen auf Sämlingsunterlagen".

So eine Besenwirtschaft entsteht, wenn man den Baum falsch behandelt. Dann lieber garnicht.

„Das Tohuwabohu im württembergischen Obstbaukrieg ging nun erst richtig los." Als Dank dafür, daß ein Obstbauinspektor im Landratsamt Ulm „so mutig war und mich als einen guten Obstbauberater bezeichnete, wollte ich dem Herrn entgegenkommen. ...Ich fuhr auf die Alb und das nahezu hundert Kilometer entfernte Hochsträßgebiet." Den Obstbauinspektor hatte Palmer zuvor telefonisch eingeladen. „Logisch ist doch wohl sicher für jedermann, daß ich dazu auch die Presse einlud." Für den Obstbauinspektor war es das durchaus nicht. Unverständlich für Palmer, denn dieser Inspektor „war ja der Erste, der der Presse erklärte: Palmer ist ein guter Fachmann. Es wäre also nur logisch gewesen, jedenfalls nach meinem Dafürhalten, daß man diese Gelegenheit als eine historische begriffen hätte und so den Friedensschluß im 50jährigen Obstbaukrieg einleiten hätte können. Weit gefehlt! Wir hatten gerade diese Woche u. a. die „Woche der Brüderlichkeit". Da kann man jedoch nur sagen: „Und was für Brüder!" Palmer vermutet, der Obstbauinspektor bekam es mit der Angst zu tun. Wegen der Anwesenheit von zwei Redakteuren der SWP Ulm und der „Schwätz Ulm" habe der Mann nahezu mit der Begrüßung gleich wieder kehrt gemacht und erklärt, das würden seine Vorgesetzten nicht erlauben. Palmer: „Zivilcourage wird doch seit Jahrzehnten gepredigt und dann kann man sich hierzulande nicht einmal zu zwei Obstbaulehrmeinungen bekennen."

„Bäume erkennt man an ihren Früchten" – Helmut Palmers schönste Musterbäume im Land

Helmut Palmer freute sich immer, wenn ihn Strücklesbesitzer, wie man im Schwäbischen die Inhaber von Obstwiesen und Gartengrundstücken nennt, baten, ihre Bäume zu pflegen. Bisweilen „richtete" Palmer ausgesuchte Obstbäume auch, ohne zu fragen. Der Zustand der Bäume war ihm im Zweifelsfall wichtiger als die Zustimmung der Besitzer. Und weil Palmer wollte, daß sein Schnitt Schule machte, suchte er sich seine Musterexemplare besonders gern an vielbefahrenen Straßenrändern oder auf gut zugänglichen Grundstücken aus. Immer lautete seine Devise: „Wenig Äste, viel Licht,

Ein Super-Apfelbaum in voller Blüte. Der Baum ist fast doppelt so breit wie hoch, ein Ergebnis des konsequenten Oeschberg-Schnitts von Anfang an. Trotz aller Fülle kommt von überall Licht in den Baum, Schattenfrüchte werden vermieden.

Der schönste Zwetschgenbaum Deutschlands in Pfullingen bei Reutlingen. Palmer entwickelte ihn „buchstäblich aus einem Besen". Hier ist alles dran und alles drin. Steile Leitäste, keine Seitenäste, balkonmäßig nach vorne angesetzte Fruchtäste, keine zweiten und dritten Astserien, sondern nur eine perfekt verteilte Spindel in der Mitte. Das Fruchtholz ist nicht zu dicht!

viel Qualität!" Palmer ließ keinen Zweifel: die schönsten und wohlschmeckendsten Früchte können nur von Bäumen kommen, die so geschnitten sind, daß ihre Früchte nicht im Schatten, sondern in der Sonne reifen. Immer wieder betonte Palmer, wie einfach es im Grunde sei, mit dem von ihm favorisierten Schnitt, Obstbäume optimal zu pflegen.

Mit seinen Musterbäumen trat er den Beweis an; Im Winter kann ein Laie nicht sagen, ob es sich jeweils um einen Apfel-, Kirschen- oder Zwetschgenbaum handelt. Statt komplizierter sortentypischer Regelkataloge gibt es nur einen einzigen Schnitt für Kernobst- wie Steinobstbäume.

Einer für alle! Der Oeschberg-Schnitt ist auf Steinobst genauso anzuwenden wie auf Kernobst, es gibt überhaupt keinen wesentlichen Unterschied

Eine Super-Zwetschge: Im Winter kann ein Laie nicht unterscheiden, ob das ein Apfel-, Kirschen- oder Zwetschgenbaum ist. Hier wird der Beweis angetreten – der Palmer-Schnitt ist der beste für Kern- wie Steinobst. Mit diesem Schnitt ist auch ein Zwetschgenbaum, der stark in die Höhe strebt, zu einem ausladenden und breiten Baum zu erziehen. So ist der Baum leicht abzuernten.

Rechts oben:
Helmut Palmer und einer seiner Musterbäume

Rechts unten:
Musteranlage am Lutherbaum über den Weinbergen Strümpfelbachs im Remstal.
In der Mitte und links zwei Alexander-Lukas-Birnen, rechts ein Boskoop. Im mittleren Baum Palmers Apfelschild zu 50 Jahren Obstbau.

Vorher

Helmut Palmer: „Die schönste Streuobstanlage in Württemberg an der Straße von Beuren nach Owen, rechter Hand bei den Aussiedlerhöfen. Die zwei Bilder zeigen, wie es richtig gemacht wird. Vor…

So sieht eine hervorragend gepflegte Oeschberg-Krone aus. In diesem Zustand genügt ein leichter, regelmäßiger Überwachungsschritt. Alle fünf bis sieben Jahre werden die Leitäste um etwa ein Drittel zurückgenommen. So ist der Baum stets gut belichtet und kann bestes Fruchtholz und Obsterträge hervorbringen.

Nachher

... und nach dem Schnitt. Arbeit pro Baum etwa 15 Minuten. Palmer pflegte diese Bäume kostenlos, „aus Liebe zum Land". Palmers Empfehlung: anhalten und lernen.

Einsame Spitze – eine Musterobstanlage bei Groß-Heppach. Palmer hat sie kostenlos hergerichtet. Besser, einfacher und übersichtlicher geht es nicht. Arbeitszeit pro Baum und Jahr 15 Minuten. Ideal die Stellung der Leitäste und die christbaumartige Mitte, welche das Licht in die unteren Partien einfallen lässt.

Sensationell: Edelreiser im ersten Jahr nach der Veredlung in voller Blüte!

Die Edelreiser sind bereits voller Kirschen.

Ein ganzer Zweig in voller Blüte!

Der veredelte Superkirschenbaum mit zwanzig Sorten Kirschen

Palmers Oeschberg-Schnitt

Woher der Name „Oeschberg-Schnitt“ kommt

Das Hofgut der Familie Affolter ist Sitz der Obstzentrale Oeschberg in Koppigen – die Schweizerische Zentrale für Obstbau (SZD) und die Kantonal-Bernische Zentralstelle für Obstbau (KZD) sind hier untergebracht.

Der kleine Weiler Oeschberg liegt auf der alten Bern-Zürichstraße nahe Burgdorf im schweizerischen Kanton Bern und nahe an der Grenze zum Kanton Solothurn. Hinter den stattlichen, alten Höfen fließt ein munteres Bächlein - die Oesch.

Seit dem 17. Jahrhundert gehörte das Gut Oeschberg der Familie Affolter - der Name ist ein uraltes Wort, das ausgerechnet „Apfelbaum“ bedeutet. Schon allein das legt nahe, daß die Familie und die Gegend schon immer viel mit Äpfeln zu tun hatten. Die Geschwister Ferdinand und Elise Affolter starben 1903 und 1905. Ihren Besitz vermachten sie dem Ökonomischen und Gemeinnützigen Verein des Amtes Burgdorf, den Ferdinand Affolter mitgegründet hatte. Auf dem Stiftungsgut sollte „die Land- und Forstwirtschaft, der Obst- und Gartenbau und die Blumenpflege stets rationell und musterhaft betrieben werden." Sowohl die schweizerische wie die kantonale Zentralstelle für Obstbau, sowie die Kantonale Gartenbauschule nahmen hier ihren Sitz. Die Gründer, insbesondere der erste Direktor Dr. Hans Spreng, favorisierten eine neue Kronenpflege, die von hier aus als „Oeschberg-Schnitt" ihren Siegeszug durch die Schweiz antrat. Helmut Palmer brachte den Schnitt nach Deutschland.

Die zunächst für Hochstämme entwickelte Oeschberg-Krone besteht aus einem Mitteltrieb und drei bis vier gleichmäßig verteilten und möglichst gleich starken Leitästen. Ziel des Schnitts ist ein stabiles und selbsttragendes Kronengerüst, das viel Licht auch ins Innere der Krone läßt. Sämtliche Kronenpartien sollen gut mit Fruchtholz garniert sein.

Der so auch in die Literatur eingegangene Oeschberg-Schnitt wird in Oeschberg selbst noch für den Feldobstbau, wie man in der Schweiz den Streuobstbau nennt, gelehrt.

Ansonsten gibt es aber selbstverständlich auch in Oeschberg viele Neuentwicklungen. Für den Erwerbsobstbau und für kleine Gärten wird vor allem die Spindel empfohlen. Auf dem Gut Oeschberg selbst finden sich neben etlichen Musterbäumen für die Rundkrone, eben auch Oeschberg-Krone genannt, weitläufige Muster-Spindelanlagen mit Äpfeln, Birnen und Zwetschgen. Der von Helmut Palmer weiterentwickelte Oeschberg-Schnitt, daher auch Palmer-Schnitt genannt, optimiert Quantität und Qualität des Ertrags von Obstbäumen und ermöglicht dem Obstbauern darüber hinaus ein leichtes Ernten und eine einfache und schnelle Pflege der Bäume.

Topaz-Spindelbäumchen in der Musteranlage des Guts Oeschberg

Grundsätze des Oeschberg-Palmer-Schnitts

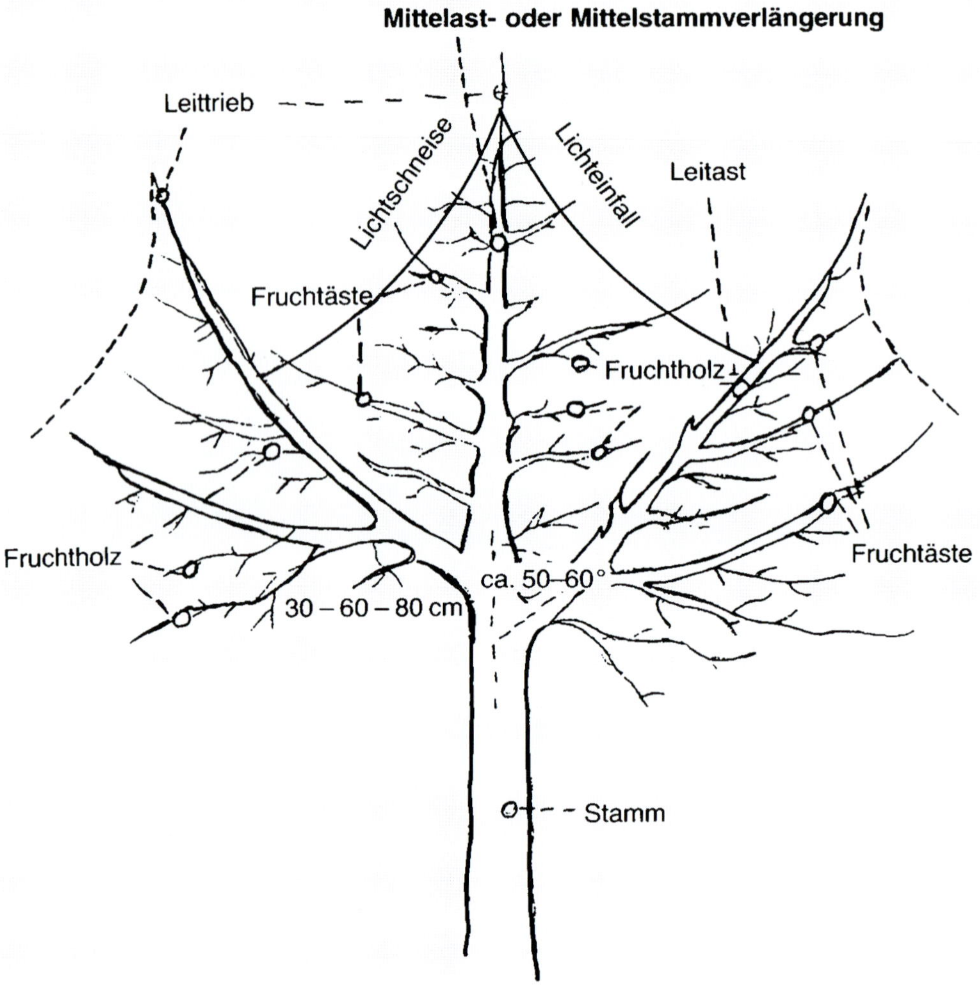

Das Prinzip der Oeschberg-Krone: Die Leitäste (zwei davon sind hier zu sehen, insgesamt vier muss man sich vorstellen) bilden die Form von einem Vierteles-Glas. Wie ein Trichter öffnet sich der Baum zum Licht. Die bekleidenden Fruchtäste ordnen sich balkonartig außen an die Leitäste an.

Kein einziger Ast darf einen anderen beschatten

Jedes einzelne Blatt ist ein Sonnenkollektor, der umso besser arbeitet, je mehr Licht er bekommt. Jede sonnengereifte Frucht ist weitaus besser als eine im Schatten gewachsene.

Eine perfekt geschnittene Oeschberg-Krone in natura: Die von den Leitästen gebildete Trichterform läßt das Licht in den ganzen Baum

Die Oeschberg-Krone hat eine Trichterform mit einer gebremsten Mitte. In etwa 45°-Winkeln gruppieren sich die vier Leitäste um die Mitte. Jeder der Hauptäste – inklusive der Mitte – ist gleichwertig. Von allen Seiten fällt somit Licht in den Baum.

Diese Kronenform ist so ziemlich das Gegenteil des weit verbreiteten Pyramidenschnitts, der den Baum wie einen Christbaum aufbaut, einen Astkranz über dem anderen. Ein solcher Aufbau bringt viel Schatten in den Baum und führt deshalb auch zu kümmerlichen Schattenfrüchten. „Viel Holz, viel Obst", ist eine Gleichung, der – was mit der Mentalität zu tun haben mag – besonders in Württemberg gefrönt wurde, die jedoch ganz und gar nicht stimmt. „Wenig Äste, viel Licht, viel Zucker" ist das, was Palmer in der Schweiz entdeckt und gelernt hat. Die Früchte werden schöner, größer und wohlschmeckender. Die hohen Erträge erstklassigen Obstes kann man mit dem Oeschberg-Schnitt übrigens nicht nur bei Tafelobst erzielen - auch der Most oder Apfelwein wird damit um Klassen besser. Die Früchte eines Baumes, der wenig Licht bekommt – ob er nun Tafel- oder Mostobst trägt – schmecken schattig und grasig, was sich selbstverständlich auch im Geschmack des Mostes fortsetzt.

Es ist ein ebenfalls weit verbreiteter Irrtum, daß man Mostobst-Bäume nicht schneiden müsse. Mit dem Oeschberg-Schnitt und entsprechend sonnengereiften, zuckerhaltigen Früchten kann der Most gut und gerne zehn Oechsle-Grade mehr bekommen.

Zuckerreiches Mostobst ergibt einen wohlschmeckenden Most und mehr Oechsle

Auch für den Menschen ist der Oeschberg-Schnitt der günstigste

Ein Baum mit Oeschberg-Krone ist leicht abzuernten. Zum einen wachsen die Früchte auch im unteren Bereich, sind also zu einem großen Teil ohne Leiter zu pflücken. Zum anderen kommt man mit der Leiter von allen Seiten bequem in den Baum hinein. Die Hauptäste sind stabil und ohne Seitenäste, problemlos lässt sich deshalb eine Leiter von jeder Seite des Baums anlehnen. Darüber hinaus brauchen solche Bäume nicht abgestützt zu werden. Der Oeschberg-Schnitt bewirkt ein stabiles, selbsttragendes Astgerüst. Die Statik wird in erster Linie durch die steilen Leitäste erreicht. Bei der sperrigen Pyramidenkrone hingegen wachsen die besseren Früchte im oberen Bereich. Außerdem ist der Baum unzugänglich, man hat es schwer, mit einer Leiter überhaupt beizukommen. Überdies streift man bei jedem Leiterwechsel unfreiwillig Früchte ab, die zu Boden fallen und dadurch an Wert verlieren. Doch das schlimmste: viele der Äste sind schwach und damit instabil. Am gefährlichsten wirkt sich das bei den Kirschbäumen aus.

Palmer erinnert sich, daß es früher während der Kirschenernte Bittgottesdienste gegeben hat. Bei falsch geschnittenen Kirschbäumen ist die Unfallgefahr sehr groß. Wie Gummiseile können die Äste nachgeben, sie brechen oder schlitzen leicht.

Bei der alten Schnitt-Methode hat man

Problem der alten Methode: Sogenannte Wasserschosse bilden sich bei abflachenden Ästen – mit der Oeschberg-Methode werden sie von vornherein vermieden

Pyramidenschnitt oder Dreidecker-Krone – das Gegenteil einer Oeschberg-Krone. Bei dieser Pyramide werden die vier Äste der ersten Serie abgedrückt durch die zweite Serie.
Die dritte Serie erdrückt wieder die zweite usw. Dazu noch hilfloses Abknicken, sogenanntes Ableiten des rechten Leitastes in der zweiten Serie, was in fataler Weise zum noch schnelleren Abbau der ersten Serie beiträgt.

zudem das ständige Problem, daß die Äste abflachen und auf ihrer Oberseite so genannte Wasserschosse ausbilden. Beim Oeschberg-Schnitt bilden sich solche Wasserschosse von vornherein so gut wie gar nicht. Palmer hält den Begriff Wasserschosse ohnehin für irreführend. Es handelt sich ja eigentlich um wertvollste Jungtriebe, deren Wachstum man beim Oeschberg-Schnitt eben genau dort hat, wo man sie haben will. Das bedeutet eine riesige Arbeitsersparnis für den Menschen und einen enormen Energiegewinn für den Baum. Die Kraft der Wurzel ist immer dieselbe – wenn alle Kraft in wenige Äste geht, erhöht und verbessert das einerseits den Ertrag und erleichtert andererseits auch die Pflege des Baumes ganz erheblich. Mit einem ordentlichen Grundschnitt nach Palmer braucht man etwa eine Stunde, um den Baum nachzuschneiden, während man nach der alten Methode oft den ganzen Tag „romschnipfla“ muss.

Mit der Natur arbeiten, nicht gegen sie!

Der Oeschberg-Schnitt will mit der Natur arbeiten, nicht gegen sie. Grundlage des Oeschberg-Schnitts sind die natürlichen Wachstumsgesetze:

1. ***steil wächst***
2. ***flach trägt***
3. ***flacher als waagrecht stirbt ab***

Palmer spricht vom naturbeschränkten Schnitt, der sich an der Natur orientiert. Beschränkt bezieht sich auf die Zahl der Äste: vier Leitäste um eine gebremste Mitte. Durch den Oeschberg-Schnitt wird der Baum jünger und gesünder gehalten. Laut Palmer wird ein ungeschnittener Pfirsichbaum vielleicht sechs, sieben Jahre alt – mit dem Oeschberg-Schnitt spielend zwanzig Jahre.

Zentral wichtig: Das Umkehraug-Verfahren

Vorher

Der Umkehrschnitt am Beispiel – über dem unteren langen Trieb wächst der erste Trieb paradoxerweise nach innen. Am zweiten Ast ist das auch der Fall, allerdings wächst der erste Trieb hier mehr senkrecht. Durch jeden Anschnitt entstehen mindestens zwei, in der Regel drei bis fünf Triebe. Schneidet man nach dem Asbach-Uralt-System wie's in manchem Professoren-Wälzer steht, am Ende auf ein äußeres Auge, bekommt man in der Regel überhaupt keinen Trieb nach außen. Schneidet man am Ende eines Triebes jedoch so, dass das zweite Auge nach außen steht und das letzte innen oder seitwärts, das ist egal, dann bekommt man immer einen wunderbaren Austrieb zur Verbreiterung der Krone - ohne jegliches Zusatzhilfsmittel wie Spreizhölzer oder Gewichte.

Nachher

Dieselbe Partie nach dem Schneiden – die zwei Innentriebe wurden einfach entfernt. Wenn der Ast noch nicht weit genug nach außen gedrückt ist, wiederum als letztes Auge ein inneres oder seitliches benützen. Selbst bei der am steilsten wachsenden Sorte, wie etwa Bühler Zwetschge oder Gute Luise, ist so ein Ast nach drei Jahren weit genug nach außen gerichtet. Dann kommt er durch die angehängten Fruchtäste von selber nach außen. Manchmal sogar so weit, dass er durch die Last abkippt.
Das ist kein Problem: einfach kippen lassen. Hundertprozentig kommt in der Nähe des Bogens an der Kippstelle ein Jungtrieb, der dann als Fortsetzung des Leitastes benutzt werden kann.

Zentral wichtig für Palmers Schnitt-Methode ist das so genannte Umkehraug-Verfahren. Dabei schneidet man nicht auf das Auge des gewünschten Triebes, sondern paradoxerweise auf das in Wuchsrichtung nächste Auge auf der gegenüberliegenden Seite des Astes. So bringt man den Trieb, um den es primär geht, in die gewünschte Form. Die Äste werden also zum Beispiel so zurückgeschnitten, daß noch eine innere Knospe über dem gewünschten Trieb nach außen sitzt. Letzterer senkt sich dann automatisch in die Ideal-Form. Ist dies erreicht, kann man im folgenden Jahr den inneren Trieb entfernen.

„Leit- und Fruchtäste sollen, wenn immer möglich, der Sonne zustreben. Das Fruchtholz dagegen soll ganz und gar im Bogenschnittsystem behandelt werden."

Leitäste

Wird ein Leitast in eine flachere Lage gewünscht, so wird auf ein inneres Auge geschnitten. Der zweite Trieb nach außen wird dann im kommenden Jahr als Leitastfortsetzung benützt.
Ist ein Leitast hingegen zu flach, schneidet man ebenfalls auf ein inneres Auge, nur mit dem Unterschied, daß dann der innere Trieb als Fortsetzung belassen wird.

„Mit dem Umkehraug-Verfahren kann man künstliche Hilfsmittel wie Schnüre, Weiden und Spreizhölzer auf ein Minimum reduzieren."

Fruchtäste

Schneidet man auf ein unteres Auge, so treibt entgegengesetzt, also oben, der zweite Trieb aus. Schneidet man auf ein oberes Auge, geht der zweite Trieb nach unten und kann belassen werden zur Fruchtast- oder -holzbildung, je nachdem, was notwendig ist.
Steht ein Ast zu weit auf der Seite, zum Beispiel nach rechts, so muss das letzte Auge ebenfalls rechts stehen, so daß das zweite links in die gewünschte Lage treibt.

Demokratische Krone

Mit dem Oeschberg-Schnitt erhält man eine demokratische Krone – jeder Ast hat das gleiche Recht. Beim Pyramidenschnitt hingegen dominiert eine zu starke Mitte, was nur zu Nachteilen führt. Die Bäume werden zu hoch und unten zu schwach.

Vorher

Zentral für Palmers Methode – das Umkehraug-Verfahren. Will man beispielsweise einen Fortsetzungstrieb nach außen, schneidet man auf das darüber liegende innere Auge.

Nachher

Der innere Trieb drückt den äußeren in die gewünschte Lage und kann dann im folgenden Jahr entfernt werden.

Unübertroffene Schweizer Oeschberg-Krone – Details

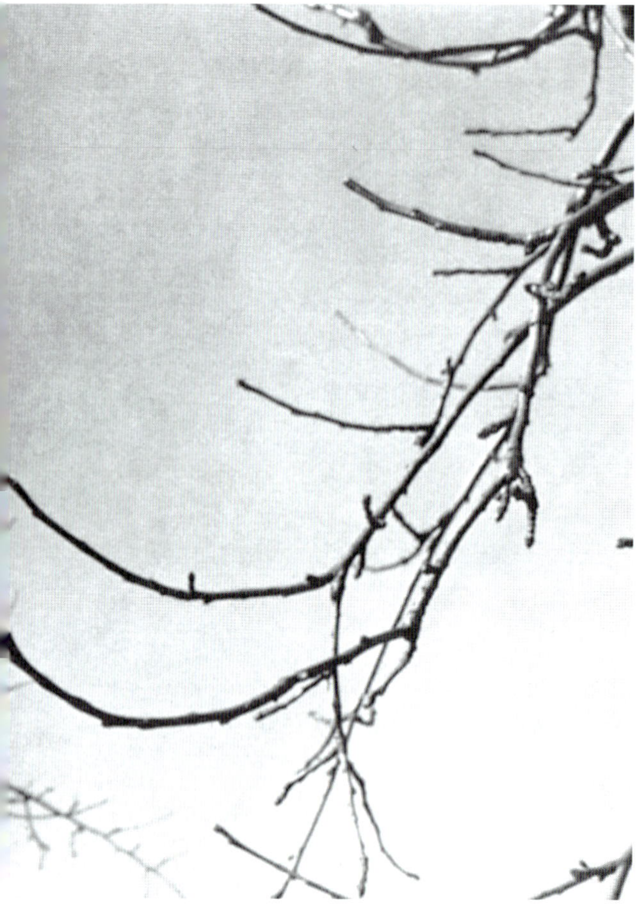

Fruchtholzbehandlung: Langes Fruchtholz ständig zu erhalten, ist nur möglich durch den natürlichen Bogenfruchtholzschnitt. Hat die alte Rute abgetragen, so muss bereits da, wo die Rute beginnt, abwärts zu wachsen, eine neue Rute herangezogen sein. Unter der neuen Rute wird die alte Fruchtrute entfernt. Dies wiederholt sich je nach Sorte alle vier bis sechs Jahre. Im Bild ist bereits am Bogen der alten Fruchtrute ein Jungtrieb angeschnitten, welcher zur Bildung des neuen Fruchtholzes bestimmt ist.

Die Schweizer Krone, maßgeblich entwickelt in Oeschberg und von dort aus vom damaligen Direktor Dr. Hans Spreng verbreitet, wurde bekannt als „Oeschberg-Krone".
Ein Baum mit Oeschberg-Krone hat vier Leitäste und die Mitte. Die Streuung der Seitenleitäste, ihr Abstand vom ersten bis zum letzten Leitastansatz, soll nicht mehr als 40 bis 50 Zentimeter betragen, allerdings sollten sie auch nicht alle auf einer Höhe sein.

> „Der Oeschberg-Palmer-Schnitt ist die ausgeklügeltste, einfachste und der Natur am nächsten kommende Idealmethode."

Die Mitte darf insgesamt die vier umgebenden Leitäste nicht wesentlich überragen. Jeder Leitast soll in gleichem Maß mit Fruchtästen und Fruchtholz garniert sein. Das heißt, auch die Mitte soll insgesamt nicht mehr, eher noch etwas weniger Holz haben als die umgebenden Leitäste. An jedem Leitast sollen mindestens drei begleitende Fruchtäste mitwachsen. Demzufolge muss dann der erste begleitende Fruchtast unter dem

Leitast kommen. Dies geht nur, wenn ein Leitast relativ steilwachsend im Winkel von etwa 45 bis 50 Grad von der Mitte absteht. Die nächsten zwei Fruchtäste können nach einem Abstand von etwa 80 bis 120 Zentimeter auch leicht seitwärts am Leitast angewinkelt sein.
Palmer: „Entscheidend ist die Anordnung von starken Fruchtästen im unteren Drittel der Leitäste – dann kann man später die Baumkrone verjüngen. Dies ist jedoch nicht möglich, wenn – wie es oftmals in Lehranstalten zu sehen ist – nur noch Leitäste mit Fruchtholz gezogen werden."
In der Mitte empfiehlt Palmer, keine großen begleitenden Fruchtäste, sondern höchstens drei Stummeläste zum Anleitern zu ziehen. Die Mitte soll insgesamt eine große Spindel darstellen. Je nach Sorte kann man etwas variieren. Zum Beispiel kann man einen Ontario etwas breiter schneiden als einen Boskoop, weil der Ontario zu einem sehr steilen Wachstum neigt, der Boskoop zu einem breiteren. Grundsätzlich sollte man darauf achten, keine Schlitzäste zu ziehen.

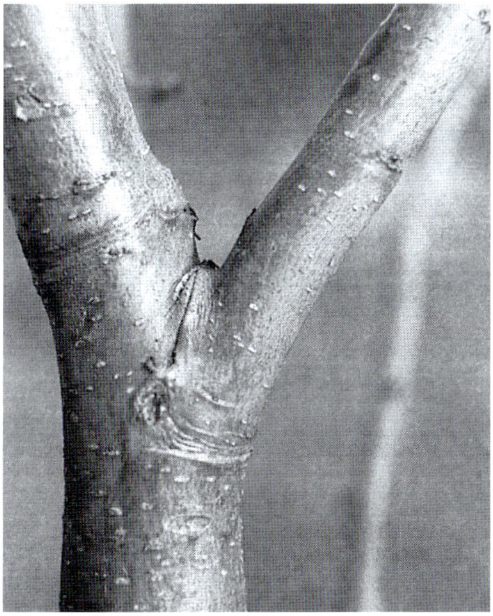

Schlitzäste sind immer gefährlich und selbstverschuldet. Sie entstehen nur durch einen Rückschnitt, bei dem das Augenausbrechen oder, als zweitbeste Methode, das Ausschneiden der einjährigen Schlitztriebe versäumt wurde.

Die beiden starken letzten Triebe neben der Mitte müssen unbedingt entfernt werden, weil sonst Schlitzäste entstehen. Weitaus besser wäre es gewesen, schon beim Rückschnitt die entsprechenden Augen zu entfernen.

„Der untere Teil des Baumes ist der wertvollste."

Fruchtholz

Boskoop, Brettacher und Gravensteiner haben nach Palmers Beobachtungen die maximale Leistungsfähigkeit am drei- bis sechsjährigen Fruchtholz (nicht wie Fachkreise verschiedentlich meinen, generell dreijährig) – während das Fruchtholz der Sorten Jonathan, Golden Delicious, Coxorange und James Grieve schon am zweijährigen Holz seine volle Leistungsfähigkeit überschritten hat.

„Leit- und Fruchtäste dienen Ertrag und stabilem Tragegerüst – diese Äste sollten nicht ausgewechselt werden."

Ein dreistöckiger Pappel-Zwetschgenbaum. Die Ernte mühevoll und risikoreich. Stattdessen sollte man die Bäume so richten, dass die Hälfte der Früchte vom Boden aus geerntet werden kann.

Palmer: „Bei der Fruchtholz-Auswechslung warne ich jedoch vor einem planlosem Schnipfeln, wie es häufig praktiziert wird. So kann es, bei besonders frohwüchsigen Sorten wie Gravensteiner vorkommen, daß nur noch Holztriebe entstehen (physiologisches Gleichgewicht der Nähr- und Triebstoffe wird zerstört)."

Die Grenze des Fruchtholzansatzes ist da, wo bei Kernobst nicht mehr alle Blätter einige Stunden Sonne bekommen. Beim Steinobst soll die Fruchtholzdichte etwa eine Handbreit sein. Durchschnittliche Jahrestriebe sollten je nach Sorte zwischen 30 und 80 Zentimeter lang sein – dem Fruchtholz sollte mindestens ein Drittel Laubholz gegenüberstehen

Bei der Erziehung des Fruchtholzes erreicht man besonders bei starkwüchsigen Jungbäumen am schnellsten hohe Erträge durch Abbinden der langen Holztriebe. Aber man sollte Maß

„Es gibt nur eine einzige Leitlinie für den Aufbau einer Baumkrone: Maximum an Licht für alle Kronenteile – Minimum an Arbeitsaufwand."

Bäume erkennt man an ihren Früchten. Dieser spricht für sich selbst: ein Großteil dieser sonnengereiften Äpfel kann vom Boden aus geerntet werden. Trotz der schweren Last kommt der Baum ohne Stützen aus.

halten – sonst kann man den Baum zum Übertragen bringen, so daß er so gut wie keinen Neutriebzuwachs mehr bringt. Allerdings wäre es zum Beispiel bei der Sorte Jonathan widersinnig und dem Baum auch abträglich, hier noch Triebe abzubinden. Palmer: „Es hieße „Eulen nach Athen tragen".

Beim Abbinden der Triebe ist darauf zu achten, daß diese unter die Waagrechte gebunden werden, sonst entstehen anstelle von Fruchtholz „Prügel".

Als Norm für die Zahl der abgebundenen Triebe gibt Palmer bei gutem Wachstum pro Baum und Jahr zwei bis drei Triebe an bis zum zehnten Standjahr. Danach werde jedes Binden überflüssig.

„Selbstverständlich kann man rigoros Raubobstbau betreiben und jährlich bis zur Hälfte der besten Triebe auf den Boden schneiden. Bloß ist nach heutigen Erkenntnissen diese Methode unverantwortlich."

Besonders im oberen Teil der Leitäste hält Palmer es für verfehlt, Triebe abzubinden: „Sie verhindern sonst die Bildung von feinem Fruchtholz und werfen zuviel Schatten. Gleichzeitig

droht eine Schädigung der Leitastfortsetzung".
Wird jedoch ein Baum, was Palmer nicht empfiehlt, nach dem zehnten Standjahr noch umgepropft, so sei es ratsam, im Jahr der Veredlung alle Triebe, die nicht zum Aufbau von Leit- und Fruchtästen dienen, abzubinden. Palmer warnt davor, Triebe nach allen Richtungen kreuz und quer abzubinden. Wenn diese später nicht in der richtigen, nach vorne den Leitästen zustrebenden, Richtung stehen, hindern sie den Zugang ins Bauminnere. Grundsätzlich soll das Fruchtholz also nach außen gezogen werden.

„Kirschen vertragen keine Holzhacker. Sie müssen nahezu mit Samthandschuhen angefaßt werden."

Jahrestriebe und Veredlungen

Im oberen Drittel der Leit- und Fruchtäste kommen die Jungtriebe zum Rückschnitt. Palmer plädiert, auf oben stehende statt traditionell auf untere Augen zu schneiden.
Starkwüchsige Sorten können bis zu einem Meter pro Jahr angeschnitten werden, wenn gleichzeitig die Augen (selbstverständlich nicht die beiden äußersten, siehe Umkehraug-Verfahren) auf der Innenseite ausgebrochen werden. Zweckmäßig ist bei einem außergewöhnlich langen Schneiden, auch noch im oberen Drittel die den beiden äußersten Knospen folgenden Augen zu entfernen, so daß keine kahlen Partien entstehen können. Bei schwachwüchsigen Sorten ist der Rückschnitt auf etwa 60 bis 70 Zentimeter günstig.

Pfirsiche, Zwetschgen und Kirschen

Palmer widerspricht der verbreiteten Auffassung, daß man Pfirsiche, Zwetschgen und Kirschen so gut wie nicht schneiden soll. Im Gegenteil, gerade diese Arten brauchen den richtigen naturnahen Schnitt ganz besonders. Palmer: „Das Lebensalter kann bei Pfirsichen dadurch verdoppelt und verdreifacht werden. Wächst beispielsweise ein Pfirsich in den ersten drei bis fünf Standjahren flott heran, und bringt er dann eine Vollernte, ist der Baum durch diese Vollernte dermaßen überlastet, daß er sich schon dadurch möglicherweise „vertragen"(übertragen) hat und sich davon nicht mehr erholt. Zwetschgen dagegen, falls sie keinen sinnvollen Jugendschnitt erhalten, gehen in der Regel mit Mittelast durch und lassen die unteren Astpartien verkümmern. Ein Verjüngen allzu hoher Zwetschgenbäume ist wenig sinnvoll, wenn die Partien unten ausgekahlt sind. Die Folge wäre, daß diese Bäume wiederum nur im oberen Drittel, wo man's eigentlich nicht will, stark austreiben."

Ein Kirschnaum, der seinem Besitzer Freude macht. Der Baum ist von allen Seiten gut belichtet und durch das Breitenwachstum auch relativ leicht abzuernten.

„Als ob der saure Regen nur in die Wälder fiele. Niemand glaubt, daß unser Obstbau nicht auch davon betroffen wird. Im Kirschenanbau sind die Alarmzeichen deutlich zu erkennen. Daher gilt für die Zukunft in jeder Hinsicht, den Obstbau so naturnah und umweltschonend wie möglich zu kultivieren."

Einer für Alle!

Der Forderung nach einem sortentypischen Schnitt hält Palmer entgegen: „Der Oeschberg-Schnitt ist auf Steinobst genauso anzuwenden wie auf Kernobst, es gibt überhaupt keinen wesentlichen Unterschied!" Eine Ausnahme seien lediglich die Nüsse, die man jedoch nicht anders, sondern am besten gar nicht schneide – sie brauchen weder einen Eingang für Leitern, da die Früchte ja geschüttelt werden, und die Äste sind auch nicht in Gefahr, sich vor Last zu biegen und zu brechen. Palmer: „Ganz und gar unbegreiflich

Kirschblüte

ist mir, wenn Bücher ungeheures Geld kosten und von rationellem Obstbau nahezu Romane geschrieben werden, in denen dann Sätze zu finden sind wie: „Man schneide Birnen spitzpyramidal, Äpfel breitpyramidal", „Kirschen vertragen den Schnitt nicht" oder „typischer Zwetschgenschnitt" usw. Es kann nur einen richtigen Kombinationsschnitt geben, und der wird von der einzigen Sonne, die alles Leben auf dieser Erde ermöglicht, vorgegeben. Weil durch die Erddrehung die Sonne scheinbar im Osten aufgeht und dann über den Baum hinweg im Westen untergeht, ist es ganz klar, daß ein Baum so geschnitten werden muss, daß die größtmögliche Blattmasse im Laufe eines Tages beschienen wird. Mit dieser Maxime, ein Höchstmaß an Licht, ist jede zweite Hauptastgruppe oder zweite ja sogar dritte Astserie vollständig ausgeschlossen."

Palmer ärgert sich über „laienhaftes Fachgesimpel", das besagt, man müsse die Bäume „artgerecht" schneiden, und tritt den Gegenbeweis an: Birnbäume wachsen von Natur aus meist hoch, früher „spitzpyramidal" genannt, Artgerecht hieße also, die Bäume entsprechend spitzpyramidal zu schneiden. Palmer: „Das Gegenteil ist richtig. Gerade ein Birnbaum kann gar nicht breit genug sein!" Palmer verweist auf über hundertjährige Spalierbäume, dies bis zu einer Breite von nahezu 50 Metern mit Querachsen um die Häuser, sogar um die Hausecken, gezogen werden können.

Obst statt Holz – keine Seitenäste!

Obstbäume werden mit Ausnahme von manchen Kirschen und Birnen nicht gepflanzt, um in erster Linie Holz zu bekommen, sondern Obst. Weil dieses Obst vom Menschen geerntet wird, müssen die Bäume so geschnitten sein, daß neben einem guten Ertrag auch die Ernte so leicht wie möglich ist. Bäume müssen also Arbeitseingänge haben. Wenn man lange suchen muss, wo und wie ein Ast angeleitert werden kann, sei es auch nur mit Kurzleitern, dann ist das einfach schlecht. Deshalb kann es keine Seitenäste geben. Bereits zwei gegeneinander wachsende Seitenäste würden das Bauminnere verbauen.

Das bezeichnet Palmer als den „Notenschlüssel der Natur". Ein Birnbaum - Palmers- oder Palmischbirne - mit vielleicht 120 bis 150 Jahren. An so einem Baum kann man die Wachstumsgesetze von Obstbäumen ablesen.

Zwergbäume

Je zwergwüchsiger eine Obstbaumunterlage ist, desto weniger wichtig ist laut Palmer ein optimaler Schnitt: „Einige Jahre bekommt auch der Dümmste Äpfel auf den Unterlagen mit Typ IX oder Birnen auf Quitten beziehungsweise Weißdorn." Allerdings tue es auch Zwergbäumen gut, wenn sie so geschnitten werden, daß sie sich nicht übertragen.

Wider die Besenwirtschaft!

Um sich das Grundwissen in Sachen Obstbau anzueignen, empfiehlt Palmer, ganz einfach die möglichst solitär stehenden 60- bis 150-jährigen Obstbäume im Streuobstbau anschauen. An solchen Bäumen kann man die Wachstumsgesetze leicht erkennen. Die Äste streben in der Regel ziemlich gleichmäßig sonnenwärts. Wenn diese Äste an den Spitzen Früchte ansetzen, biegen sie sich. Auf den Bögen von abgefallenen Trieben entwickeln sich Jungtriebe, welche fälschlicherweise immer wieder als Wasserschosse bezeichnet werden. Palmer ärgert sich über diesen Begriff, mit dem man allenfalls, wenn überhaupt, die Schattentriebe im unteren Drittel des Baumes bezeichnen könne, jedoch niemals oben stehende Triebe. „Das sind nämlich die gesündesten und kräftigsten, also keine Schwindsuchttriebe. Diese oberen Triebe werden fälschlicherweise oft entfernt, mit der Folge, daß an der Stelle jedes abgeschnittenen Triebs ein Jahr später schon zwei oder drei Triebe stehen. Auf diese Art und Weise kommt man laut Palmer sehr schnell zur „Besenwirtschaft". Ein naturnaher und vernünftiger Obstbauschnitt könne das nicht sein. Palmer: „Im Gegenteil, das ist die primitivste Art, um einen Baum, je nach Vitalität, einige Jahre – oder sogar Jahrzehnte, beispielsweise bei Birnen – zwanghaft zu begrenzen. Palmer nennt es eine „grausige Gefangenschaft des Baumes", denn: „Bekanntlich wachsen an Jungtrieben die schönsten Früchte. Die Folge ist, daß bei diesem Zwangsschnitt Obst nur an altem Holz erzeugt werden kann.

Was soll man also tun?

1. ***Die Zahl der Leitäste begrenzen. Höchstens insgesamt vier bis fünf gleich berechtigte Leitäste. Die Mitte hat kein Vorrecht.***

2. ***Diese Leitäste müssen auch im Höhenwachstum begrenzt werden und erreichen so Stabilität.***

3. ***Die Stellung der Leitäste in einem ziemlich steilen Winkel, etwa 45°, eher zu steil als zu flach.***

Ein Birnenriese, Palmers- oder Palmischbirne - in voller Blüte.
Um so ein Wachstum zu erreichen, muss der Baum solitär stehen.

Durch Begrenzung der Leitäste und einer 45°-Stellung werden sogenannte Wasserschosse vermieden. Nur so entwickelt sich dann an den Leitästen ein balkonmäßig angehängtes Außenwachstum. An jedem Leitast sollten zwei oder drei, wie ein Balkon nach außen strebende, parallel mitwachsende, Fruchtäste gezogen werden. Dies gelingt durch jährlichen Anschnitt der Fruchtäste. Andernfalls setzt sich das Bogen-Fruchtbarkeitssystem durch, obere Triebe fallen auf die unteren, es kommt zu wenig Licht nach unten, und alle Mühe des Erziehungsschnitts war umsonst.

Nachteile des Schirmobstbaus: die Bäume müssen gestützt werden, Äste brechen häufig ab, die Qualität ist unter den Schirmen, sowohl im Tafel- wie im Mostobstbau, miserabel, Tausende Tonnen Schattenfrüchte sind ungenießbar und geben auch keine guten Fruchtsäfte. Palmer: „Leider wird in Deutschland, im Gegensatz zu der Schweiz, darauf noch keinerlei Rücksicht genommen; dementsprechend unterschiedlich sind auch deutsche und Schweizer Säfte. Die wirtschaftlichen Folgen unseres Schattenobstbaus sind Millionen und Abermillionen Defizite."

Bebilderter Schnittkurs mit Helmut Palmer

Basiswissen

Das richtige Werkzeug

Palmer empfiehlt die Schweizer Felco-Scheren Nr. 7 und Nr. 8. Bei Baumsägen rät Palmer dringend ab vom Kauf von Fuchsschwänzen. In Frage komme nur „die gute alte Bügelsäge". Diese muss jedoch mit einem Stahlbogen ausgestattet sein, der einen möglichst großen Abstand zum Sägenblatt hat, damit man auch größere Äste spielend entfernen kann. Es sollte keine Säge mit einem Leichtmetallbügel gekauft werden, denn Leichtmetall hat keine Spannung. Palmer: „Solche Sägen sind nach einmaligem Gebrauch praktisch wegzuwerfen."

Wichtig ist das richtige „Beschläg", wie die Gelenke im Dialekt heißen. So kann man auch auf unebenem und holprigem Gelände anleitern, die Leiter ist stabil und flexibel zugleich.

Palmer empfiehlt die Schweizer Felco-Scheren Nr. 7 und Nr. 8

Auch vor Leitern aus Metall kann Palmer nur warnen: Sobald es kühl oder kalt ist, spüre man speziell bei Nacht, daß man tagsüber ständig mit Metall in Verbindung war (Rheuma, Gliederschmerzen).

Abgesehen davon ist es wichtig, auch in holprigem oder unebenem Gelände anleitern zu können. Dies erreiche man nur mit einer flexiblen, jedoch stabilen Leiter, die das richtige „Beschläg" habe. Palmer wirbt für den natürlichen Bast an Stelle von Kunstfasern. Letztere können beim Veredeln verheerende Schäden anrichten durch Einschneiden der Veredelungsköpfe. Schließlich empfiehlt Palmer für jeden Garten eine Goldweide (Schweizer Weide, Salix helvetica). Mit Goldweiden kann man nicht nur im Garten vielseitig arbeiten, sondern man hat auch bei der Baumpflege ein sicheres und leicht zu handhabendes Mittel zum Binden und Formieren.

Solche Verletzungen passieren nicht mit Weiden!

Goldweiden sind ein ideales Instrument, um den Baum zu formieren

Palmer empfiehlt nur Holzleitern. Einerseits, weil das Holz einfach angenehmer und gesünder ist als Metall, besonders wenn es kalt ist, andererseits wegen der Umweltfreundlichkeit der Holzleitern.

Die besten Obstleitern wurden verboten - mehr dazu auf der letzten Seite!!!

Sortenempfehlungen

Sorten sollten immer standortgeeignet sein. Welche Sorte die beste ist, ist von Gegend zu Gegend verschieden - allgemein gültige Empfehlungen kann man deshalb nicht geben. Zu Palmers favorisierten Sorten zählen bei Äpfeln jedoch Klarapfel, Gravensteiner, Boskoop (wobei der rote schöner ist, der gelbe aber besser schmeckt), Goldparmäne, Brettacher und Berlepsch (auch hier ist der gelbe in Gewürz und Saft besser als der rote). Zum Beispiel Jonathan und James Grieve tragen von Natur aus reich.
Das Problem des Obstmarktes erklärt Palmer an der qualitativ sehr hochwertigen Remstäler Kirschsorte „Strähles“, die allerdings etwas kleinfrüchtig ist und deshalb praktisch unverkäuflich. Palmer: Es ist ganz ähnlich wie in der Politik. Die Leute wollen betrogen sein. Weil der Trend zu immer größeren und schöneren Früchten geht, muss man sich laut Palmer nicht wundern, wenn einem der Arzt dann trotz reichlichen Obstverzehrs noch Vitaminpräparate verordnet.

Ontario

Goldparmäne

Äpfel

Für Palmer sind die empfehlenswertesten Sorten – vor allem, ohne zu spritzen – immer noch Nr. 1 Klarapfel, Nr. 2 Jakob Fischer anstatt James Grieve und Nr. 3 Landsberger Renette. Letztere ist allerdings mehltauempfindlich und nicht in Tallagen, sondern nur in luftigen Höhenlagen zu pflanzen, jedoch nicht über 500 Meter ü. d. M.

Klarapfel: Viele Frühsorten sollten den allseits bewährten Klarapfel ablösen. Das hat bis jetzt keine auch noch so angepriesene neue Sorte geschafft. Palmer: „Im Gegenteil, fast alle Neuen sind nichts als mehlige, druckempfindliche Marktverderber, wie zum Beispiel die Sorte Manted“. Kläräpfel wachsen

Berlepsch

Berner Rosenapfel

und gedeihen selbst noch im Vorgebirge, sie reifen dort aber erst im September.

Boskoop: Die Sorte Boskoop, welche aus den Niederlanden kommt, hat feuchtes Klima in Verbindung mit sehr guten mittelschweren Böden gerne. Boskoop will niemals eine kalte Tallage, Windlage hingegen ist für ihn sogar angenehm. Boskoop will es auch nicht zu trocken, also keine steile Weinberglage, In extrem warmen Sommern würden sonst die Früchte zu klein und holzig.

Empfehlenswerteste Sorten:

- Klarapfel
- Jakob Fischer
- Landsberger Renette
- Ontario – der beste Winterapfel

Goldparmäne: Bei der Sorte Goldparmäne, die der Befruchtung wegen häufig neben Boskoop gepflanzt wird, ist es eher umgekehrt. Goldparmäne und auch Berlepsch, sind Sorten, welche eher warme Weinberglagen bevorzugen, sonst ist die Qualität der Frucht, besonders in sonnenärmeren Jahren, miserabel. Allerdings kann in überreichen Sonnenjahren die Sorte Goldparmäne an einem warmen Südhang auch versagen, wenn der Boden zu wenig wasserhaltig ist. Zwar kann mit einem starken Fruchtholzschnitt einiges verbessert werden, jedoch verlangt Goldparmäne höchste Ansprüche an Boden und Klima.

Berlepsch: Auch Berlepsch wächst gerne in warmen, aber nicht zu trockenen Lagen. In kalten Tälern erst recht nicht, sonst ist mit einer starken Krebsanfäl-

Boskoop

ligkeit zu rechnen. Berlepsch gibt einen der besten Säfte – pur ist er dem viel gerühmten Champagner Bratbirnensaft ebenbürtig.

Brettacher: Diese Sorte ist speziell für Baden-Württemberg eine Wundersorte. Die Sorte stammt vom warmen Heilbronner Unterland, von Brettach. Beim Aufkommen und Verbreiten der Sorte nach dem Zweiten Weltkrieg wurde anfänglich gelehrt, daß Brettacher-Sämling nur in warmen Weinberglagen gut geht. Dies stimmt glücklicherweise nicht. Er geht sogar erstaunlicherweise in abgelegenen Albtälern und sogar noch auf der Alb. Zwar lässt die Qualität dann nach, allerdings kann hier nachgeholfen werden. Der Baum reagiert fantastisch auf eine gute Belichtung. Die Sorte ist also weitgehendst unempfindlich. Nur kalte, nasse Standorte verträgt die Sorte aus dem warmen Unterland nicht. Noch etwas zu dem verwirrenden Namen „Brettacher Sämling". Brettacher ist genauso wie Bittenfelder keine Züchtung, sondern ein Zufalls-Sämling. Der eine aus Brettach, der andere aus Bittenfeld. Palmer: „Wenn Sie also einen Brettacher-Busch oder -Halbstamm kaufen, dann bitte gut aufpassen. Steht nämlich auf dem Etikett „Brettacher Sämling", dann ist noch lange nicht gesagt, daß der Baum auch auf einer Sämlingsunterlage veredelt ist."
Brettacher Äpfel, sofern sie gesund belichtet auf einem warmen Standort gewachsen sind, halten auf einem Naturlager bis zur nächsten neuen Apfelernte. Brettacher ergibt keinen besonders guten Saft. Palmer empfiehlt deshalb, mit Boskoop oder Bittenfelder

zu mischen. Zum Backen eignet sich der Brettacher jedoch sehr gut.

Schweizer Glockenapfel: Diese Sorte ist ein hervorragender Wirtschafts- und Tafelapfel. Palmer bedauert, daß im süddeutschen Raum bei der Verwertung der Äpfel der Nachtisch „Apfelstückli" unbekannt ist. Gerade für „Apfelstückli" sei die Sorte Glockenapfel neben dem Boskoop einzigartig. Die Lagerfähigkeit, auch im Naturlager, ist hervorragend. Aber Vorsicht beim Schneiden! Palmer: „Glockenäpfel verübeln im Gegensatz zu der Allerweltssorte Golden-Delicious jeden falschen Schnitt. Glockenäpfel tragen an den Endknospen. Daher ist das Fruchtholz an dieser Sorte nicht zurückzuschneiden, sondern lediglich auszulichten." Weil die Sorte Jonathan sehr mehltauempfindlich ist, empfiehlt Palmer, bezüglich des Fruchtholzes genau gegensätzlich zu schneiden wie beim Glockenapfel. Dadurch kann man gegen den Mehltau vorbeugend sehr viel tun. Alle roten Modesorten mit Ausnahme von Gloster, einem nahen Verwandten vom Glockenapfel, sind nicht so gut wie die ursprünglichen gelben Sorten. Zum Beispiel ist die Haut des gelben Boskoop viel dünner, das Fruchtfleisch weitaus weicher, saftiger und aromatischer als beim roten Boskoop. Genau dasselbe gilt auch für die Sorte Berlepsch.

Gloster: Eine wunderbare Sorte, ganz ähnlich zu behandeln wie Glockenapfel und besonders dankbar für das Abbinden von Jahrestrieben.

Glockenapfel

Gloster

Jonagold

Cox Orange: Die Sorte Cox Orange hält Palmer für weniger empfehlenswert. Sie ist zu empfindlich.

Jonagold: Diese Sorte dagegen ist eine fantastische Züchtung, welche in guten, warmen Lagen ausgezeichnet wird und nahezu jeden Geschmack befriedigt.

Ontario: Für gute Lagen soll man die Sorte Schweizer Orangenapfel nicht vergessen und „Ontario ist und bleibt, aber nur in allerbesten warmen Lagen, der beste Winterapfel". Dort wird er keinesfalls grün. In einer warmen Lage und richtig geschnitten, werden die Früchte fast alle violett-rot, außerdem hat die Sorte Ontario den höchsten Vitamin-C-Gehalt von allen Äpfeln neben der Sorte Berlepsch. Palmer warnt: „Ontario sollte niemals stammecht gepflanzt werden." Ontario sei im Gegensatz zu Brettacher im Holz sehr frost- und krebsempfindlich. Ontario bringe auch die Kraft nicht auf, stammecht einen kräftigen Baum zu bilden. Er sollte daher immer bei Halb- und Hochstämmen aufgepfropft werden. Jedoch ist ein Grundgerüst von mindestens zwei Metern vonnöten, wenn es einen rechten Baum geben soll. Diese Sorte wird auch noch dann Äpfel tragen, wenn Spätfröste ungefähr 95% aller Tafeläpfel vernichten. Ontario kommt bei bis zu –4 °C während der Blütezeit durch. Sollte die Sorte als Buschbaum gepflanzt werden, kann auf einen Gerüstbildner verzichtet werden (besser wäre es trotzdem), aber dann bitte nur auf Sämling pflanzen. Genau dasselbe gilt übrigens auch für die Sorte Jonathan.

Delicious: Die „Ailerweitsäpfei“ will Palmer auf keinen Fall ganz verachten: „In wirklich guten, warmen Lagen und bei scharfem Schnitt kann diese Sorte geschmacklich sehr gut werden. Wenn sie allerdings dann nicht ihre volle Reife am Baum erfährt und bewusst vorzeitig grün geerntet wird, um in den Lagerhäusern besser zu halten und den äußeren Verbraucher-Mode-Trend zu befriedigen, dann entwickelt die Sorte Delicious so gut wie kein Aroma und schmeckt grasig.“

Bohnapfel: Bohnapfel ist ein besserer Holzapfel. Er ist für raue, hohe Lagen geeignet. Allerdings sind erste Abbauerscheinungen sichtbar, was ihn wenig wertvoll macht. Bohnapfel hält auf Lager ungepflegt etwa zehn Monate und ist gut zur Saftherstellung geeignet (auch als Gerüstbildner).

Kardinal Bea: Dieser knallrotbackige Herbstapfel, ist, so wie es bis jetzt aussieht, überall wachsend. Es handelt sich um einen Allzweckapfel, der sehr wohlschmeckend ist. Er wächst auch stammecht.

Berner Rosenapfel: Den Berner Rosenapfel empfiehlt Palmer, unbedingt wieder zu vermehren, speziell in Lagen über 400 Meter Meereshöhe. Die Sorte ist schwach bis mittelstark wachsend, hält auf Lager etwa bis März und gibt wie Berlepsch einen der besten Apfelsäfte.

Boiken Plochinger Sämlinge: Sie sind robuste Wirtschafts-, keine Tafeläpfel.

Gewürzluiken: Gewürzluiken waren, so Palmer, zwischen 1930 und 1950 eine wunderbare Sorte. Leider seien jedoch Zerfallserscheinungen fast überall zu beobachten: Eine viel zu starke Blatt- und Holzschorfanfälligkeit, im Gefolge Spitzendürre und Krebs. Nur durch mindestens fünf Schorfspritzungen könne vorgebeugt werden. Gewürzluiken halten auch auf dem Lager schlecht wegen „Fruchtbräune“.

Öhringer Blutstreifling: Fast dasselbe wie für die Gewürzluiken gilt laut Palmer auch für „das wunderbare Äpfele“ Öhringer Blutstreifling. Palmer: „Hier irren wieder einmal die Amtlichen, wenn sie empfehlen, die alten Sorten wieder zu pflanzen. Neues Blut durch Neuzucht ist notwendig.“

Champagner Reinette: Über die Champagner Reinetten sagt Palmer: „Nur ihr Name ist blendend, der Apfel taugt nichts.“

Taffet: Diese am spätesten blühende Sorte, wurde früher nur als Nummer-Sicher-Träger angepflanzt. Die Sorte blüht sechs Wochen später als der Boskoop. Auch diesen Apfel hält Palmer für wenig wertvoll und die Sorte abgebaut wie die Gewürzluiken. Dafür jedoch gebe es einen Super-Spätblüher, nämlich die Sorte **Schnaiter Brachet.** Der Name Brachet, weil die Sorte erst im Brachmonat Juni blüht.

Birnen

„Birnen sind Sonnenkinder“, sagt Palmer, „und vor allem Tafelbirnen gedeihen nur gut in den warmen Stuben des Landes. Tafelbirnen verlangen bis auf wenige Ausnahmen und im Gegensatz zu Mostbirnen auch noch sehr gute Böden.“ Die Sorte Gellerts Butterbirne wird nur auf guten Lehmböden schmelzend fein und nicht steinig. In hitzigen Keuperböden versagt sie.

Empfehlenswerteste Sorten:

- Stuttgarter Gaißhirtle
- Williams-Christ
- Gute Luise
- Alexander Lukas
- Pastorenbirne
- Gräfin von Paris
- Vereinsdechant

Alexander Lukas geht dagegen gut. Zu den besten Birnensorten zählen für Palmer das Gaisburger und das Stuttgarter Gaißhirtle. Die Sorte Bunte Juli scheidet für ihn aus. Empfehlenswert ist die Sorte Tres-Vous. Ihre Blüte ist gegen Frühjahrsfröste, ähnlich wie bei der Apfelsorte Ontario, sehr robust. Über Williams-Christ-Birnen geht im Hochsommer für Palmer „wirklich gar nichts“. Clapps Liebling sollte nur bedingt vermehrt werden. Die Sorte befriedige die allgemeinen

Gute Luise

Ansprüche nicht mehr voll. Gute Luise ist jedoch nach wie vor eine gefragte Spitzenqualitätsbirne. Ein warmer Standort ist auch hier wichtig, sonst wird sie teilweise steinig. In feuchten Schorflagen ist sie nicht empfehlenswert. Die Köstliche von Charmeux ist an ganz warmen

„Übrigens, mich schüttelt es, wenn ich sehe, daß Birnen total unreif und grün auf den Markt kommen, weil einige, die offenbar den guten Geschmack verloren haben, grasige Birnen verlangen.“

Alexander Lukas

Plätzen eine wunderbare Birnensorte. Im Spätherbst sollte man nicht auf die Herbst-Winter-Sorten Alexander Lukas, Pastorenbirne (die robusteste Winterbirne), Gräfin von Paris (letztere nur in ganz warmen Lagen) und Vereinsdechant verzichten. Jedoch die allerbeste Wintersorte ist die Madame Verde: „Diese in Vollreife herrlich

Williams Christ

braune Birne, der Palmers Birne zum Verwechseln ähnlich, ist eine Aromafülle ohnegleichen und daher zum Dörren, Einmachen und Brennen hervorragend geeignet". Eine Ausnahmesorte, welche nicht direkt als Tafelbirne bezeichnet werden kann und möglicherweise den Namen von Palmers Vorfahren trägt, nämlich die Palmers Birne – im Dialekt auch Palmisch-Birne genannt – reiht Palmer hier ein. Es gibt allerdings wie fast von jeder Sorte zweierlei Typen: die gelbfruchtige große ist wesentlich besser als die braungrüne kleine. Allen Schnapsbrennern garantiert Palmer, daß das Aroma aus Palmers Birnen wesentlich besser wird als das aus der berühmten Williams Birne. Und nicht vergessen sollte man die hervorragende Dörr-Eigenschaft der Palmers Birne. Genießern empfiehlt Palmer, eine halbteigige Birne zu essen: „Das ist ein Hochgenuss!"

Nur im Garten empfiehlt Palmer Birnen auf Quittenunterlage, im freien Feld jedoch grundsätzlich auf Sämlingsunterlage, mit Ausnahme jener Erwerbslandwirte, welche ganz hervorragende, warme, lehmige Böden haben. Der Pflanzabstand auf Quittenunterlagen – zu erkennen an fast schwarzer Wurzelfarbe mit breitem Wurzelwerk, Sämlingsunterlage hingegen mit rötlichen Wurzeln und mit wenigen Stechwurzeln – sollte etwa anderthalb Meter betragen.

Bei Sämlingsunterlagen, direkt veredelt, kommt man unter vier bis fünf Metern Abstand nicht aus. Bei Zwischenveredlungen auf Pastorenbirne ist ein Mindestabstand von acht Metern, eher noch zehn bis zwölf Metern angezeigt.

Zwetschgen

Zwetschgen wollen warme Lagen und Böden. Palmer: „Die beste Zwetschge der Welt ist die Dattel-Zwetschge oder auch Italiener-Zwetschge. Die miserabelste Zwetschge der Welt, zur selben Zeit reif, für den Laien täuschend ähnlich, ist die Stanley-Zwetschge, ebenso miserabel die so genannte Ortenauer." Zwetschgen sind in Süddeutschland erstens keine Pflaumen und zweitens keine Ersatzfrüchte. Vielmehr sind sie nicht wegzudenken für Zwetschgenkuchen, Zwetschgengsälz bis zum Zwetschgenwasser, und nicht zu vergessen gedörrte Zwetschgen.

Deutsche Hauszwetschge

Empfehlenswerteste Sorten:

- Italiener oder Welsche Zwetschge – die beste Zwetschge der Welt!
- Ruth Gerstetter
- Ersinger Frühzwetschg
- Deutsche Hauszwetschge

Palmer zählt die besten Zwetschgensorten der Reifezeit nach auf: Ruth Gerstetter, Ersinger Frühzwetschge (die ist Spitze in warmen Lagen), Italiener- oder Welsche Zwetschge und auch noch Fellenberger genannt (die ist einsame Spitze in warmen Lagen), und die ordinäre, meistbekannte späte Deutsche Hauszwetschge, auch Spätzwetschge oder in der Schweiz Basler Zwetschge genannt.

Präsident ist die absolut zuletzt reifende Zwetschge – einen Baum davon sollte man haben.

Nicht bewährt, so Palmer, haben sich dagegen Zimmers wegen Überempfindlichkeit gegen Regen und Lützelsachser, weil die Frucht nicht steinlösend ist.

Manche Badener sagen „Zwetschen", Württemberger und Schweizer hingegen „Zwetschgen". Nördlich des Mains, so beobachtete Palmer, bezeichnet man nahezu alles als Pflaumen. Er erklärt: „Zwetschgen sind hochwertig und haben einen spitzigen Stein. Pflaumen

Italiener Zwetschge

sind meistens säuerlich, haben einen runden Stein, und das Fruchtfleisch löst sich meist sehr schlecht."

„Mit Riesenzwetschgen à la Cac Cac wird der Zwetschgenanbau verhunzt."

Die Bühler Zwetschge reiht Palmer bewusst nicht in die besonders wertvollen Sorten ein, denn mit keiner anderen Sorte werde so viel Unfug angestellt. Palmer weiß, daß diese Zwetschgen in ihrer Heimat, im badischen Bühlertal, in der Regel unreif geerntet werden, „damit den Händlern ja kein Transportschaden entsteht. Ob's den Verbrauchern nachher „das Hemd hineinzieht, ist denen völlig egal". Weil die Bühler Zwetschge eine Zwitterfrucht ist mit einem halbrunden Stein, müsste sie eher als Pflaume statt als Zwetschge bezeichnet werden.

Eine Verkäuferin bei Bühl sagte zu Palmer: „Man darf den Touristen keine Zwetschgen zum Kosten anbieten, sonst kaufen sie sie nicht."

Präsident

Die richtige Unterlage

Geschmackssache

Häufig hört man: „Die Äpfel schmecken nicht mehr so wie früher". Palmer pflichtet dem durchaus bei: „Hauptursachen des Verlusts von gutem Geschmack sind die Typenunterlagen in Verbindung mit ungeheuerlichen Mengen von Kunstdüngern und übertriebenen Spritzungen". Goldparmänen auf Typenunterlagen und Goldparmänen auf Sämlingen zum Beispiel liegen im Geschmack so weit auseinander, daß man glaubt, es seien zweierlei Sorten. Palmer bestreitet, daß Äpfel auf Hochstämmen besser würden als auf Busch bäumen. Richtig dagegen sei, daß es einzig und allein auf die Unterlage, also auf den Sämling ankomme, wenn Obst besser schmecken soll.

Wider den Einheits-Chemie-Geschmack

In Friedrichshafen traf Palmer auf Obstbauern, welche er auf ihre total zerschnittenen und verkrüppelten, dazu mit Blattläusen verseuchten Obstbäume ansprach. Sie reagierten mit dem leichtfertigen Hinweis, dagegen gebe es genug wirksame Gifte

Zwei Brettacher – der abkippende Baum links im Bild auf Typenunterlage, rechts im Bild auf Sämling.

zum Spritzen. Palmer wandte ein, daß Obst nicht mehr sortentypisch schmecke, ja daß sogar Äpfel, Birnen, Rettiche und Erdbeeren bald denselben Einheitschemiegeschmack hätten. Unbestreitbar ist laut Palmer, daß Qualität in den letzten Jahrzehnten nur noch aufs Auge ausgerichtet war, während das Wertvollste an einer Frucht, nämlich das sortentypische Aroma, weitestgehend vernachlässigt wurde. Auf den „Allerwelts-Typen-Zwerg-Unterlagen“ sei ein miserables Einheitsaroma vorprogrammiert, im Gegensatz zu Sämlingsunterlagen.

Feine Faserwurzeln einer Typenunterlage. Nur eine einzige kräftige Wurzel ist zu sehen. So ein Baum hat nur geringe Stabilität.

Tipp:
Auf das Fundament kommt es an! Nur durch eine starke Wurzelkrone kann oben ein großer und langlebiger Baum entstehen. Irrsinnig ist die Annahme, ein niedriger Stamm zeuge einen kleinen Baum und ein hoher Stamm eine große Krone. Es ist genau umgekehrt, Voraussetzung allerdings auf ein- und derselben Wurzel.

Typen- oder Sämlingsunterlage

Was ist der Unterschied zwischen einer Typen- und einer Sämlingsunterlage? Typenunterlagen sind gezüchtete Wurzelausläufer mit wenig Vitalität und meist nur Flachwurzler. Sämlinge oder Wildlinge werden dagegen aus Obstsamen gezogen, wobei das Saatgut von besonders starkwüchsigen Bäumen stammt oder nach der Urmethode durch Zufallssämlinge entstanden ist.

Neue Sorten nach alter Väter Sitte

Für Palmer gehört zum Oeschberg-Schnitt und einem großkronigen Baum unbedingt eine Sämlingsunterlage, das heißt ein aus einem Samen gezogener Trieb: „Ein solcher Baum kann 60 bis100 Jahre

Unrentable Goldparmänen-Anlage auf Typ A II. Viele Bäume sind aufgrund ihrer flachen Wurzeln den Belastungen nicht gewachsen und ausgefallen. Wären diese Bäume auf Sämlingen und hätte man nur die Hälfte gepflanzt, wäre der Erfolg garantiert gewesen. Gewöhnlich wird in solchen Fällen nach einer Schamfrist einfach wieder alles umgehauen. Das spielt ja auch keine Rolle, der Steuerzahler zahlt einfach drauf. Die Natur übrigens auch, denn an Kunstdünger und Spritzen hat es in dieser Anlage nie gefehlt.

alt werden. Typenunterlagen durch Abriss, wie sie im Erwerbsobstbau üblich sind, garantieren dieses Wachstum nicht, sie sind schwachwüchsig, tragen früh, was erwünscht ist, sterben aber auch früh ab."
Für den Liebhaberobstbau empfiehlt Palmer, den Baum vom Kern auf selbst zu ziehen. Fast wie früher, als die Kühe den Trester gefressen haben, der Mist auf den Acker ausgebracht wurde, und man dann hie und da auf den Feldern den Trieb eines Jungbäumchens entdecken konnte.
Diese Triebe wurden im Remstal meist an den Rand eines Weinbergs verpflanzt und nun mit Spannung beobachtet. Die Obstbauern entwickelten Ehrgeiz – wer hat in diesem Lotteriespiel die beste Sorte ergattert? War man zufrieden, bekam die neue Sorte gern den Namen des Besitzers. Oft handelt es sich jedoch, auch bei noch so vehement verteidigten Hausnamen, um ein und dieselbe Sorte wie in Nachbars Garten.
Der Nachteil der Sämlingsunterlagen ist, sie variieren stark, man weiß nie, was dabei herauskommt. Doch das kann man ändern: Einfach nach einem Jahr einen Zweig entfernen und auf einen Baum aufpflanzen, dann sieht man eventuell schon im nächsten Jahr, was es gibt, möglicherweise muss dann sogar überhaupt nicht veredelt werden.
Der beste Zeitpunkt zum Emden, wie das Veredeln in Palmers Dialekt heißt, ist nach fünf Jahren. Meistens sind diese kräftigen, wild gewachsenen Unterlagen frosthärter als die edlen Auflagen, wie zum Beispiel ein Boskoop. Wenn das Bäumchen dann bis zur Veredlungsstelle erfrieren sollte, kann man es noch einmal veredeln.

Kein Obstbau-Museum!

Eine falsch verstandene Öko-Nostalgie lehnt Palmer ab: „Alte abgebaute, museale Sorten aufzupäppeln und dann noch auf schwachwüchsige Unterlagen zu pflanzen. Dies ist nicht einmal ein Holzweg, sondern

Ein „Riese", der 600 kg Ertrag pro Jahr bringt, während gleichaltrige Bäume nach dem herkömmlichen Schnitt nur auf die Hälfte kommen.

ein absoluter Irrweg." Laut Palmer können auf diese Art und Weise nur noch Krüppelbäumchen entstehen. In Palmers Jugend war es keine Seltenheit, daß ein Baum zehn Zentner Äpfel getragen hat. Es gab auch Riesen, die bis zu 20 Zentner brachten. Der berühmt gewordene größte Riesenbaum Altwürttembergs in Hochdorf bei Vaihingen/Enz brachte regelmäßig 40 Zentner pro Jahr. Palmer sagt, mindestens 10 bis 20 Zentner seien auch heute noch bei den Sorten Bittenfelder oder Brettacher bei entsprechender Pflege ohne weiteres möglich. „Und vor allem ist es möglich, daß man Obstbäume pflanzt, die ein langes Leben haben, das heißt Äpfel und Birnen können weit über 100 Jahre, Kirschen bis zu 60 und 80 Jahre alt werden." Die Voraussetzungen für einen solch urwüchsigen Obstbau sind laut Palmer eben starkwüchsige Unterlagen, also Sämlinge aus urwüchsigen Sorten. Darunter zählt der Bittenfelder ohne Zweifel. Palmer warnt jedoch vor folgender Verwechslung: Die Sorte Bittenfelder hat den Zusatz „Sämling" im Namen, genau wie der Brettacher. Bei letzterem ist das schon weitestgehend in Vergessenheit geraten. Der Zusatz Sämling sagt aber nicht, auf welcher Unterlage die beiden genannten Sorten stehen - darauf kommt es aber an. Wenn Bittenfelder- und Brettacher-Sämlinge auf Typenunterlagen, besonders dem Typ AII, veredelt sind, „ist das praktisch eine Kastration". Überall haben nach Palmers Beobachtungen Obstanlagen auf diesen Typen, insbesondere bei Halbstämmen, „restlos versagt". Vor allem in zwei Punkten: Erstens keine Standfestigkeit und zweitens zu frühe Erschöpfung. Dies kann dann auch nicht durch Düngung ausgeglichen werden.

Obstbäume pflanzen

Palmers Empfehlungen

1. *Für alle Bäume im Freiland gilt: Nur Bäume auf Sämlingen oder ganz stark wachsenden Unterlagen verwenden.*

2. *Niemals zu eng pflanzen. In guten Lehmböden zehn bis zwölf Meter Abstand von Baum zu Baum. In Mergel und weniger guten Böden einschließlich trockener Hanglagen kann man schon auf acht Meter Reihen- und Baumabstand heruntergehen. Dies ist gültig für Äpfel, Birnen und Süßkirschen. Für Zwetschgen, Sauerkirschen und Quitten mindestens sechs Meter, besser acht Meter.*

3. *Fruchtwechselfolge: Nach der Rodung von Apfelbäumen empfiehlt es sich, nicht gleich wieder Äpfel zu pflanzen. Es sei denn, man macht sich die Mühe des Bodenaustausches. Gegen Bodenmüdigkeit hilft auch das Einbringen von Flusssand und Überschwemmungsböden. Kunstdünger jedoch ist dafür kein Ersatz.*

4. *Niemals Vorratsdüngung in die Pflanzgruben geben. In guten Böden in Gärten soll eine Pflanzgrube nur so groß sein, daß der Wurzelstock Platz hat. In schlechten Böden zwei auf zwei Meter.*

Pflanzgut

Alle Pflegemaßnahmen nützen nichts, wenn das Pflanzgut nichts taugt. Ein Etikett ist noch lange keine Qualitätsbürgschaft! „Heiß und dringend" rät Palmer zur Eigenaufzucht von Bäumen. Man hole im Herbst am Schluss der Saftsaison Trester von den Mostereien – 30 bis 50% Bittenfelder sind da meistens dabei. Das Ausbringen des Tresters auf guten, leichten Böden in Reihen von etwa 30 Zentimetern Abstand ist ideal. Etwa fünf Zentimeter Bodenrillen ausheben, Trester einstreuen und mit zwei bis drei Zentimetern Boden zudecken. Sie werden staunen, wie viel schöne Pflanzen im Frühjahr aufgehen und wie unterschiedlich an Stärke, Blattform und Holzfarbe sie sind.

Diese Sämlinge im Herbst desselben Jahres ausheben und sortieren. Alle Pflanzen unter 30 Zentimeter Länge aussortieren. Nur die stärksten bis mittelstarken und schönen, gerade gewachsenen verpflanzen „verschulen" im Abstand von etwa 50 Zentimetern und in Reihen von etwa 80 Zentimetern. Im nächsten Jahr kann man dann durch Einsetzen eines Auges im Juli, August die Sämlinge okulieren, also veredeln. Man kann aber auch einzelne Sämlinge, was sehr zu empfehlen ist, wild wachsen lassen bis auf die gewünschte Verpflanzungsstärke und -höhe. Schon nach zwei bis

Oberurbach: Bei einem großen Pflanzabstand von 12 bis 14 m erfolgt das Wachstum doppelt so schnell.

drei Jahren hat man einen wunderbar verpflanzungsfähigen Baum.
Man kann so zu ganz neuen, pflegeleichten, interessanten Sorten kommen. Außerdem ist der eigene Baum auch pfleglicher zu verpflanzen, das heißt mit mehr Wurzeln. In Baumschulen werden die Pflanzen oft brutal mit der Maschine herausgerissen, wobei oft bis zu zwei Dritteln bester Wurzeln im Boden bleiben.
Um festzustellen, ob die neue Sorte gut ist, schneidet man einfach einen Zweig des Sämlings ab und setzt ihn auf der Astoberseite eines alten Baumes ein. Nach zwei Jahren weiß man, ob es nur ein Holzapfel, ein Mostapfel oder wie meistens ein guter Tafelapfel ist. Auf diese Weise sind fast alle Lokalsorten, wie Luiken, Boiken, Brettacher, Bittenfelder, Plochinger, usw. entstanden.
Bei Süßkirschen ist man am besten dran mit wilden, weißrindigen Vogelkirschen, welche dann etwa im fünften Pflanzjahr veredelt werden sollten.

Stamm- oder Gerüstbildner

Schwachwüchsige Obstsorten, bei Äpfeln zum Beispiel Jonathan und Ontario, oder krebsanfällige Sorten wie Berlepsch, sollte man immer auf Gerüstbildner, welche frohwüchsig sind, aufpfropfen. Einige viel gepriesene Sorten wie zum Beispiel der Mautzen und Unseldapfel haben sich nicht bewährt. In heißen beziehungsweise trockenen Lagen eignet sich besonders

Strümpfelbach im Remstal - zahlreiche Bäume sind hier nach der Palmer-Methode geschnitten.

Jakob Fischer. Vor Jakob Lebel hingegen muss man warnen, Diese französische Sorte verlangt sehr viel Wärme und ist frostempfindlich. In den Kriegswintern 1942 bis 1944 sind über 98% aller Jakob-Lebel-Bäume erfroren. Das Beste, was es bei uns in genügend warmen Böden gibt, ist der Weinapfel Bittenfelder-Sämling.

Halb- und Hochstämme

Halb- und Hochstämme niemals auf Typenunterlagen kaufen wie zum Beispiel den „Massen-Mode-Mostapfel" Hauxapfel auf Typ XI. Typenwurzeln geben größeren Bäumen nicht genügend Standfestigkeit. Erschwerend kommt hinzu, daß Halb- und Hochstämme auf Typen zwar bis zu etwa sieben bis zehn Jahren sogar etwas stärker wachsen als auf Sämlingsunterlagen, dann aber nach dem ersten rechten Ertrag „verbutten", das heißt sitzen bleiben. Die besten Zwetschgenunterlagen sind „Wurzelechte", Herrenberger oder Bühlertypen.

Häufig wachsen speziell Hauszwetschgen auf Myrobolanen, viel zu stark und ohne genügende Erträge.

Hausgarten

Für Zwergbäume im Hausgarten sollte man die Jungbäume in den Baumschulen holen und bei einem Baumabstand von etwa 1,20 bis 2,50 Meter die Bäume auf der Typenunterlage IX verlangen. Wenn ein Abstand von fünf bis sieben Metern möglich ist, sollte man Bäume mit mittelstarken bis starken Unterlagen verlangen.

Äpfel, Birnen, Rettiche und Erdbeeren haben bald denselben Einheitschemiegeschmack! Unbestreitbar ist, dass Qualität in den letzten Jahrzehnten nur noch aufs Auge ausgerichtet war, während das Wertvollste an einer Frucht, nämlich das sortentypische Aroma, weitestgehend vernachlässigt wurde. Auf den Allerwelts-Typen-Zwerg-Unterlagen ist ein miserables Einheitsaroma vorprogrammiert - ganz im Gegensatz zu Sämlingsunterlagen!

Eine Spindelbaumanlage auf Typ IX. Diese Erziehungsart empfiehlt sich für den Erwerbsobstbau und wenn nur wenig Platz vorhanden ist. Ein Mitteltrieb mit abgebundenen Fruchtzweigen.

Selber züchten statt „Markenqualitätsware"

Palmer fürchtet bei der Aufzucht von Pflanzen eine katastrophale Inzuchtentwicklung: Früher gab es Tausende von Lokalsorten, woraus fantastische Edelsorten entstanden, zum Beispiel die Kirschensorte Hedelfinger, die Birnensorte Gaißhirtle, bei Mostäpfeln die Sorte Bittenfelder und bei Tafeläpfeln die robuste Sorte Brettacher oder Zabergäu. Daneben gab es eine ungezählte Menge von Lokalsorten wie Schafnasen, Karles, Gottwickles, Hartners, Wärzlesluiken und Dutzende von Luikensorten. Palmer empfiehlt dringend die eigene Aufzucht, das heißt im Herbst bei einer reichen Ernte Trester zu holen, möglichst von Bäumen, welche im Streuobstbau stehen: „In der Regel werden Sie Glück haben, daß daraus eine neue Wirtschafts- oder Tafelsorte entsteht, welche robust genug ist, ohne Kunstdünger und ohne Gift-

Trester, das Abfallprodukt der Mostereien nach dem Pressen des Saftes, ist ein hervorragendes Saatgut, um sich seine Sämlingsunterlagen selbst zu ziehen - ganz nach alter Väter Sitte.

Einjährige Krone nach dem Schnitt. Die starken spitzwinkligen Triebe neben der Mitte wurde entfernt. Die waagrecht stehenden Triebe mit Weiden hochgebunden.

spritzmittel auszukommen." Palmer hält es angesichts dessen, was alles als „Markenqualitätsware" ausgeliefert wird, für dringend geboten, auf diesen interessanten Selbstversorgungsweg hinzuweisen, der früher gang und gäbe war.

Zu enge Bepflanzung

Die Folgen enger Bepflanzungen sind bekanntlich katastrophal. Das Roden junger Bäume wäre früher als Baumfrevel gebrandmarkt worden. Palmer betrachtete es nie anders. Der Irrtum entsteht häufig beim Kauf von Obstbäumen, wenn man einen Buschbaum verlangt und glaubt, damit sei automatisch eine Zwergwüchsigkeit garantiert. Wird zum Beispiel Boskoop auf Typ XI gepflanzt, kommt der Baum nahezu zum selben starken Wuchs wie auf einem Sämling, bloß mit dem Unterschied, daß der Geschmack nicht so gut ist. Auch gibt es Baumschulen, welche „verhockte" Bäume aus Halb- und Hochstamm-Quartieren zu Buschbäumen umfunktionieren. Diese sind in kleineren Gärten völlig ungeeignet und nicht zu bremsen.

Auch bezüglich der Grenzabstände von mindestens vier Metern, was in klein parzellierten Markungen so gut wie nirgends eingehalten wird (in den meisten Fällen hätten dann zum Beispiel im Remstal, mittleren Neckartal usw. fast gar keine Hochstämme gepflanzt werden dürfen), muss man aufpassen, daß man mit so genannten Buschbäumen nicht übers Ohr gehauen wird. Denn hier ist nur ein Grenzabstand von ungefähr zwei Metern vorgeschrieben. Wenn aber dieselben Bäume auf eine Sämlingsunterlage gepflanzt sind, werden sie noch größer im Kronenumfang als Hochstämme, und dann geht es nicht ohne Ärger oder gutmütige Duldung. Denn der Baum wächst sowohl mit der Wurzel als auch oben mit der Krone in das Nachbargrundstück hinein. Zwar kann man ihn an der Grenze absägen, nur wird das dann eine Wildnis geben, die dem Baum schadet und auch dem Nachbarn nichts als eine Schattenwand einbringt.

Veredlung

Veredeln ist keine Geheimwissenschaft!

Veredeln wurde schon immer als eine Art Geheimwissenschaft behandelt. Dem „Volk der Obstler“, so Palmer, wurde suggeriert, daß es das nicht erlernen könne und es ein Buch mit sieben Siegeln sei. Palmer: „Dem ist nicht so. Veredeln ist eines der größten Erfolgserlebnisse im Obstbau überhaupt!“ Und es ist notwendig, wenn eine Sorte nicht an den Standort passt oder geschmacklich nicht befriedigt. In alten Schriften fand Palmer, daß vor über hundert Jahren ein Liebhaber über 300 Sorten auf einen Apfelbaum veredelt haben soll. „So viele müssen es gerade nicht sein, aber auf einem Ast Klaräpfel, auf dem anderen Gravensteiner und auf wieder einem anderen Berlepsch oder Goldparmäne, das geht ohne weiteres.“

„Es ist keine Spielerei, mehrere Sorten auf einem Baum zu veredeln, wenn man zum Beispiel nur einen einzigen Kirschbaum im Garten hat.“

Dasselbe gilt auch bei Kirschen. Gerade bei Kirschen hat man dann große Chancen, daß mindestens ein Teil des Baumes jedes Jahr eine Ernte gibt.

Palmer empfiehlt: „Nicht bange machen lassen, im Gegenteil: Veredeln bringt, wenn man es richtig macht, viel Freude!“ Der beste Zeitpunkt zum Emden, wie das Veredeln in Palmers Dialekt heißt, ist nach fünf Jahren. Meistens

Der Laie erkennt überhaupt nicht, dass dieser Baum veredelt ist. Wenn er belaubt ist, haben es sogar die Fachleute schwer. Auch hier schonende, zugastlose Methode. Alle Pfropfköpfe, hier über 50 an der Zahl, sind im dritten Jahr nach der Veredlung restlos verheilt. Die einseitig schwächere Partie ist in drei Jahren ausgeglichen.

Vorher

Eine Vogelkirsche, zwölfjährig, in Obersasbach

sind diese kräftigen, wild gewachsenen Unterlagen frosthärter als die edlen Auflagen wie zum Beispiel ein Boskoop. Wenn das Bäumchen dann bis zur Veredlungsstelle erfrieren sollte, kann man es noch einmal veredeln.

Palmers Grundsätze zum Veredeln

1. Den Baum so schonend wie möglich behandeln

In der Praxis heißt das, man zieht nicht einen Baum jahrelang hoch, um dann in Minuten bis zu 90% des gewachsenen Holzgerüstes wegzusägen und dann erneut wieder jahrelang mühsam ein neues Gerüst aufzuziehen.

2. Sechs bis neun Augen pro Edelreis

Selbst bei schonendster Zurücknahme eines Obstbaumes bei der Umveredlung verliert ein Baum immer noch so viel Holz, daß er naturgemäß mit einem starken Austrieb reagiert. Das bedeutet, daß falsch ist, was Jahrhunderte lang gelehrt wurde, nämlich daß ein Edelreis nur drei Augen haben soll.
Bei Testversuchen stellte Helmut Palmer fest, daß zwischen sechs und neun Augen pro Edelreis ideal sind. Voraussetzung ist allerdings, daß alle oberen Augen ausgeblendet werden. Dadurch erreicht man pro Edelreis einen Verlängerungstrieb und mindestens drei

Nachher

Derselbe Baum nach dem mäßigen Abwurf – hundertprozentig zugastloses Veredeln.

Fruchtruten nach unten, welche sofort unbeschnitten für Fruchtbögen verwendet werden können. Außerdem kann gar nicht positiv genug eingeschätzt werden, daß durch vernünftige Veredlungsköpfe eine vielfache Laubmenge gegenüber der alten Methode schon im ersten Jahr nachwächst.

3. Langschnitt und Blenden

Irrtümlicherweise wurde früher gesagt, wenn man kurz schneide, werde ein Ast stabil. Das Gegenteil ist richtig: Der Trieb, der länger ist, hat mehr Laub und wird dadurch stärker. Bloß, wenn man so wie früher die inneren Augen nicht ausbricht und das Jahr darauf

Edelreiser sollten reichlich mit Augen bestückt sein. Es ist gut, wenn man sie vor dem Veredeln wässert, ebenso den Bast.

Lieber viele kleine Köpfe als wenige große. Bei dieser vierjährigen Veredlung wurde das gesamte Astgerüst beim Abwerfen weitestgehend erhalten. Anstelle von fünf bis sieben Edelreisern wurde auf diesem Baum nahezu das Zehnfache eingesetzt. Der Baum hat schon kräftig getragen. Alle Veredlungsköpfe sind schon im dritten Jahr verheilt gewesen. Zugast wurde kein einziger benötigt. Hier müssen nicht Jahr für Jahr Hunderte von Wildreisern auf den Boden geschnitten werden – überschüssige Kraft, die fälschlicherweise als Wasserschosse bezeichnet werden. Beachtenswert die Mitte des Baumes – eine Superspindel. Beireiser (alle Edelreiser, die nicht zur Verlängerung des Leitastes gebraucht werden) sind deutlich zu Fruchtruten abgestuft, während das Fortsetzungsreis durch die etwa fünffache Laubmasse auch fünfmal mehr Holzstärke aufweist.

die – fälschlicherweise als Wasserschosse bezeichneten – Jungtriebe nach innen ent- fernt, dann ist eine Stabilität des Leitastes unerreichbar. Nur indem man die nach innen zur Krone stehenden als auch die seitlichen Augen ausblendet und dadurch alle Triebe nach außen bekommt, wird es ein Erfolg.

4. Mittelleitast

Nur der Mittelleitast beziehungsweise der Jahrestrieb muss etwas anders ausgeblendet werden, und zwar müssen mindestens die ersten fünf Augen nach dem Austriebsauge ausgeblendet werden. Noch besser ist es, generell ein Drittel bis zur Hälfte des Jahrestriebes von oben nach unten zu entfernen. Übrigens geht das sehr schnell, und man bekommt dadurch keine so genannten Afterleittriebe beziehungsweise Konkurrenztriebe zum jeweiligen Verlängerungstrieb. Die Bezeichnung Afterleittriebe und Konkurrenztriebe hält Palmer ohnehin für irreführend. Er nennt die ersten zwei bis fünf Triebe nach einem Triebanschnitt Alarm-Ersatz-Triebe, welche keine andere Aufgabe wahrnehmen wollen, als dem angeschnittenen Trieb zu einer Verlängerung zu verhelfen.

5. Längere Schnittflächen

Palmer empfiehlt längere Schnittflächen als allgemein üblich: Ungefähr Klingenlänge des Veredelungsmessers, also etwa sechs bis sieben Zentimeter, eher etwas mehr, aber nicht weniger Schnittfläche am Edelreis.

6. *Pfropfkopf*

Grundsätzlich muss das Edelreis, welches die Fortsetzung am Pfropfkopf bildet, immer auf der Oberseite eingesetzt werden. Bei größeren Köpfen, falls dies mal notwendig wird, ist ein Dreierverband zu empfehlen, das heißt ein Edelreis oben und jeweils eines links und rechts in der Mitte des Pfropfkopfes, jedoch niemals ein Edelreis unten.

Höherer Ertrag

Die Ertragsfläche wird durch schonendes Abwerfen der Unterlagen und das Vielaugen-Pfropfsystem plus ungewöhnlich langen Schnitt schlagartig vervielfacht. Der Ertrag fällt mindestens vier- bis sechsfach so hoch aus und beginnt mindestens drei Jahre früher als nach der alten Methode. Speziell bei Kirschen entfällt bei dieser schonenden Behandlung der gefürchtete Harzfluss in fast allen Fällen.

Schock und Sonnenbrand vermeiden

Wenn beim Veredeln unter die Rinde zwei Drittel des gewachsenen Holzes herunter gesägt wird, bedeutet das, daß bis zu über 90% der Blattmasse vernichtet wird. Das ist ein Schock für den Baum. Bei Zwetschgen und Kirschen, aber auch bei Äpfeln an Südhängen bedeutet das oft Sonnenbrand auf den Ästen, welche auf der Oberseite direkt von der Sonne bestrahlt werden. Veredelte Bäume mit Sonnenbrand werden in der Regel nicht alt. Sobald der Baum zu tragen beginnt, gibt es Hallimasch-Pilze und Bruchäste. Das ist übrigens auch ein Grund, warum das Veredeln mindestens teilweise als unrentabel bezeichnet wurde und in Verruf kam. Dem muss aber nicht so sein!

Helmut Palmer beim Veredeln

> „Lange Zeit wurde das Veredeln von Obstbäumen mitleidig belächelt und als etwas Überholtes dargetan. Es gibt, übertrieben ausgedrückt, tausend Gründe, um sich mit dem Veredeln zu befassen!“

Die einfachste Methode, ein Edelreis einzusetzen.

1. Edelreis und Unterlage müssen etwa denselben Umfang haben. Zuerst schneidet man den unteren Zweig ab und spaltet ihn mit dem Veredlungsmesser.

2. Das Edelreis wird zunächst keilförmig zugeschnitten und in den Spalt eingesetz

Saft-Waage in die Mottenkiste!

Palmer empfiehlt, das Wort „Saft-Waage" endgültig in der untersten Stelle der Mottenkiste zu vergraben: „Es ist wirklich brutal, wenn ein schön gewachsener Baum, der jedoch auf einer Seite aus irgendeinem Grund einen flachen, abgeneigten und schwächeren Ast hat, nach diesem Ast ausgerichtet, das heißt abgeworfen wird. Dadurch werden oft zwei Drittel der schönsten Teilkronen auf den Boden geworfen. Das ist ein kolossaler Schock. Über die Hälfte der so schrecklich behandelten Bäume gehen früher oder später, meistens aber früher, zugrunde."

Falsch: Radikalkur mit Zugästen

Bäume, die in einem flachen Winkel dachförmig abgeworfen werden, müssen aufgrund dieser Radikalkur mit Zugästen bestückt werden, das heißt an einem solchen Baum dürfen dann zwei, drei oder mehrere Äste, je nach Baumgröße, nicht veredelt werden. Die Folge ist, daß solche Zugäste, speziell bei Kirschbäumen, im ersten Jahr bis zu etwa dem Fünffachen an Stärke zunehmen Wenn über solchen Zugästen Edelreiser angebracht wurden, verkümmern die in der Regel.

3. Mit dem Griff des Messers wird das Edelreis vorsichtig in den Spalt geklopft

4. Ist die Unterlage dicker, kann man zwei Edelreiser waagrecht nebeneinander einsetzen. Danach mit Bast gut umwickeln und zum Schluss verstreichen. Das Verstreichen ist immens wichtig, die Wunde muss abgeschlossen sein. Dazu gibt es verschiedene, natürliche Produkte (Finger weg von evtl. giftigen Kunststoffen).

„Früher hieß es: wo kein Ast ist, kann man keinen machen – das ist absolut falsch. Fast alles ist machbar, jedenfalls bei einem gesunden Baum."

Es geht auch anders!

Als weitaus bessere und humanere Methode bezeichnet Palmer es, die: Bäume nicht mehr so schrecklich kurz wie bisher abzuwerfen „und vor allen Dingen nicht in dem berühmt-berüchtigten Dachneigungswinkel". Richtig ist, das vorhandene Astgerüst so lange wie möglich auszunützen, weniger in der Höhe, jedoch in der Breite. Man kann daher, wenn es sein muss, so genannte Zugäste ruhig belassen, aber es ist ein Riesen-Vorteil, wenn diese Zugäste dann auf der Oberseite etwa alle 30 bis 40 Zentimeter wechselseitig mit einem Edelreis bespickt werden. Wenn diese Edelreiser im Jahr darauf links und rechts flachgebunden werden, kann man spätestens im zweiten Jahr nach dem Veredeln schon mit einem hervorragenden Ertrag rechnen. Aus solchen eingespickten Reisern kann jedoch auch jederzeit, wenn

sie nach oben gerichtet werden, wieder ein ganz neuer Leitast gezogen werden.
Der Einwand gegen seine „zugastlose Ganzheitsmethode", sie sei recht und schön, gut und überzeugend, aber sie koste mehr Zeit, ist laut Palmer „eine ganz dumme Milchmädchenrechnung. Was hilft es dem Baumbesitzer, wenn der Baum zehn Jahre aufgebaut wird und in fünf Minuten zwei Drittel abgesägt werden? Dann ist der Baum zwar sehr schnell veredelt, aber es dauert viele Jahre, bis danach wieder eine ertragsfähige Krone aufgebaut ist.". Da ist es vernünftiger, eine oder zwei Stunden länger an einem Baum zu arbeiten und dann schon nach zwei Jahren wieder einen wesentlichen Ertrag zu haben.

„Keine Kraftvergeudung! Zugastloses Langveredeln ist ein Quantensprung. Herkömmlich war es, dem Bäumchen sogenannte Zugäste zu lassen, damit - so die Vorstellung - der durch das starke Zurückschneiden überschüssige Saft der Wurzel abgeleitet werden könne. Unsinn, sagt Palmer, denn das ist Kraftvergeudung. Statt dessen soll man nur ein Drittel oder maximal die Hälfte der Krone entfernen. Durch diese Langveredlung braucht man keine Zugäste mehr."

Einsetzen an der Astoberseite

1. Das Einsetzen von Edelreisern an der As oberseite verfrüht und erhöht den Ertrag u schützt die Bäume vor Sonnenbrand. Mit d Veredlungshippe löst man zunächst einen Rindenflügel aus.

„Lieber viele kleine Köpfe als wenige große"

Edelreiser – Schnitt und Lagerung

Kirschen-Edelreiser werden Anfang Januar geschnitten, ansonsten ist Ende Januar der beste Zeitpunkt zum Schneiden der Edelreiser.
Am besten halten sich die Reiser vollständig mit Sand überdeckt im Freien in einer ständigen Schattenlage. Falls sie leicht eintrocknen, vor dem Veredeln abschneiden und einige Stunden ins Wasser stellen. Am

2. Das Bild zeigt, wie notwendig es ist, zunächst einen Dreiecksrindenflügel auszuschneiden. Somit liegt das eingesteckte Reis sauber auf der Schnittfläche. Wenn man mittels eines T-Schnitts ein Reis einsetzt, was viele machen, dann sitzt das Reis immer mindestens ein bis zwei Zentimeter auf der Rinde auf, was sehr schlecht ist, weil dann die Verbindung zum Nährsaft (Kambium) fehlt.

empfindlichsten sind Kirschenreiser. Wenn sie vor dem Veredeln bereits ausgetrieben haben, „laufen" sie zurück, das heißt sie gehen nach anfänglichem Scheinaustrieb ein.

„Nicht vergessen: Bei dünnen, veredelten Zweigen muß der Bast am Schlußteil nach zwei bis drei Monaten gelöst, das heißt aufgeschnitten werden."

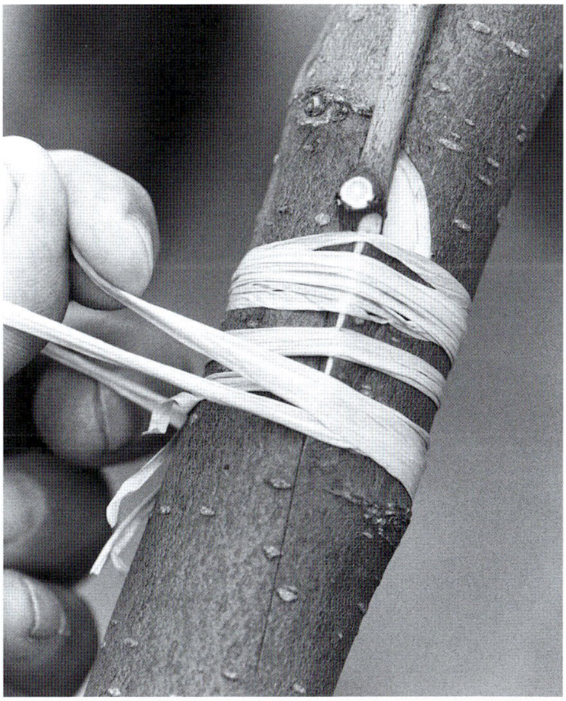

3. Zum Schluss muss man mit Bast gut umwickeln. Es ist vorteilhaft, den Bast vorher anzufeuchten. Der Faden muss immer gespannt sein. Man beginnt oben, indem man dreimal auf derselben Stelle den Bast umlegt und erst danach anzieht. Dann legt man Faden an Faden immer stramm ziehend an das Veredlungsreis. Man muss mindestens bis zum Schnittende verbinden, am besten noch darüber hinaus. Am Schluss fährt man über den Daumen und verknüpft den Faden durch zweimaliges Unterfahren. Dann ja nicht rückwärts, sondern vorwärts anziehen, auf keinen Fall ruckartig, sondern langsam, aber fest. Danach sauber verstreichen.

Zwei Veredlungsarten

Die Veredlungsarten sind variantenreich. Palmer empfiehlt, sich dadurch nicht irre machen zu lassen: „In der Praxis gibt es, wenn man nicht in Spielereien verfallen will, eigentlich nur zwei Veredlungsarten: Pfropfen unter die Rinde bei mehrjährigem und altem Astgerüstbau, Veredeln durch einfaches Anplatten und Anplatten mit Gegenzungen an ein- und zweijährigem Holz.“ Die erste Veredelungsart gilt also für größere Bäume und die zweite für jüngere. Anplatten kann man meist schon ab Februar. Der Vorteil dieser Veredlungsart sind ganz kleine Wunden, welche meistens im ersten Jahr vollständig überwallen. Man hat keinen Wachstumsverlust.

1. Propfen unter die Rinde bei älterem Holz. Der Rindenflügel darf nur auf einer Seite gelöst werden.

Der obere Zweig wurde gespalten, der untere durch Anplatten eingesetzt. Hierzu werden Unterlage und Edelreis schräg angeschnitten und gegeneinander gesetzt. Nach dem Veredeln müssen die nach oben stehenden Augen ausgeblendet werden.

Was passt aufeinander und was nicht?

Selbstverständlich ist, daß man auf eine spät austreibende Sorte wie etwa Taffet keine frühe Sorte wie einen Klarapfel aufpfropft oder umgekehrt.

Wie verbindet man die verschiedenen Hölzer miteinander?

Das Einsetzen von Fruchtspießen und Holzzweigen ist eine nette Spielerei. Man kann durchaus auch mehr als drei Augen pro Reis einsetzen. Ja sogar

Mit dem Veredlungsmesser lässt sich die Rinde leicht ablösen.

3. Die angeschnittenen Reiser einsetzen, verbinden, verstreichen.

Fruchtspieße, also mehrjähriges Holz, wachsen an. Allerdings ist das Einsetzen von Frucht auch aufwändig. Hingegen

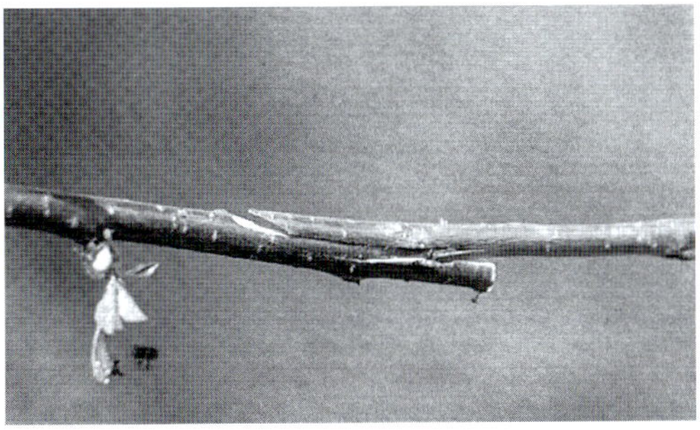

Anplatten mit Gegenzungen erfordert schon ein bisschen mehr Übung als Spalten und einfaches Anplatten. Allerdings ist es die sicherste Methode, ein Edelreis zum Anwachsen zu bringen.

„Spalten und Anplatten von Februar bis April. Unter die Rinde pfropfen ab März bis Juni."

kann jeder Trieb zu einem Fruchttrieb umgewandelt werden. Einfach durch Abbinden unter die Waagrechte.

Okulieren sollte jeder können, schon der Vermehrung wegen. Diese Veredlungsart kann nicht verbessert werden. Beim Kopulieren mit Gegenzungen empfiehlt Palmer, die Gegenzungen länger als üblich zu schneiden.

Erziehung von Jungbäumen

Man schneidet die Bäumchen meist ein Jahr nach Pflanzung. Bei im Herbst gepflanzten Bäumchen schneidet man im Frühjahr vor Vegetationsbeginn.

Zuerst entfernt man den Konkurrenztrieb zur Mitte. Dann bestimmt man drei bis vier Seitentriebe als Leitäste. Sie sollten sich möglichst nicht auf gleicher Höhe, sondern leicht versetzt um die Mitte gruppieren. Optimalerweise stehen die Leitäste in einem Winkel von etwa 45° zur Mitte.

Die Leitäste schneidet man etwa auf die Hälfte zurück, und zwar nicht, wie traditionell, auf ein außen stehendes Auge, sondern auf das darüber stehende innere Auge (siehe Umkehraug-Verfahren). Die weiteren inneren Augen

Vorher

Ein Erziehungsschnitt, bei dem zu viel Holz belassen wurde. Außer der Mitte sind es sechs weitere starke Äste, davon zwei starke spitzwinklige Triebe neben der Mitte.

Nachher

Beim Oeschberg-Schnitt beschränkt man den Baum auf eine Mitte und vier Leitäste. Die Mitte soll nicht dominieren, sie wurde deshalb hier gegenüber dem vorhergehenden Schnitt noch einmal etwas zurückgenommen. Die beiden starken, spitzwinkligen Triebe neben der Mitte wurden entfernt. Die vier Leitäste gruppieren sich nun gleichmäßig um die Mitte.

Vorher

Ein Hochstamm „Heslacher" vor dem Erziehungsschnitt

Nachher

Helmut Palmers Erziehungsschnitt: Die Mitte ist zurückgenommen, die Konkurrenztriebe wurden ganz entfernt. Um die eingekürzte Mitte gruppieren sich die vier Leitäste, die ebenfalls eingekürzt wurden.

werden ausgebrochen. Man beginnt bei dem obersten Leitast. Die tieferen Triebe werden auf gleicher Höhe wie der obere angeschnitten. Der Mitteltrieb soll kaum länger sein als die Seitentriebe. Im oberen Drittel bricht man die Augen nach dem oberen Auge aus. Weitere Seitenäste erhöhen die Blattfläche. Man bindet sie flach und schneidet sie nicht an. So werden sie den Leitästen untergeordnet. Auch in den folgenden Jahren schneidet man die einjährigen Fortsetzungstriebe der Leitäste auf Augen über starken außen stehenden Knospen an.

„Im Weinbau muss man nur auf Drei zählen können, im Obstbau wenigstens auf Fünf. Nämlich fünf Leitäste. An jedem Leitast drei Fruchtäste und dazwischen langes Fruchtholz, welches nach Verjüngungsbedarf im Schnitt zwischen drei bis sechs Jahren ausgewechselt wird."

Der Aufbau einer einjährigen Krone. Die starken, spitzwinkligen Triebe neben der Mitte wurden weggenommen. Die künftigen Leitäste waren etwas zu flach – mit Weiden wurden sie in die gewünschte Lage gebracht. Mit dieser Erziehung vermeidet man Schlitzäste. Nicht vergessen: Auch kleine Wunden verstreichen.

Ein zweijähriger Halbstamm mit einjähriger Krone – leider mit zu vielen Trieben. Am besten ist es, bereits beim Kauf darauf zu achten, dass der Baum nicht zu viele Triebe hat. Jeder Trieb, der an einem Jungbaum ausgeschnitten werden muss, tut ihm weh.

Derselbe Baum nach dem Pflanzschnitt. Die starken spitzwinkligen Konkurrenztriebe zur Mitte wurden entfernt, Mitte und Leitäste eingekürzt. Die kleinen Triebe an der Mitte ja nicht entfernen! Der Baum ist mit einer Kunstschnur angebunden – davor kann man nur warnen. Am schonendsten ist eine Weide, die jährlich erneuert wird.

„Langschnitt bedeutet doppelte bis dreifache Laubmasse."

Wieder bricht man die weiteren inneren Augen aus. Die Leitäste werden um ein bis zwei Drittel gekürzt.
Nach zwei, drei Jahren zieht man im Abstand von etwa 60 bis 80 Zentimetern vom Stamm die ersten Fruchtäste. Sie sollen leicht ansteigen. Auch sie schneidet man nach dem Umkehraug-Verfahren. In den folgenden Jahren zieht man weitere Fruchtäste, insgesamt zwei bis drei pro Leitast und etwa im Abstand von etwa 80 bis 120 Zentimeter. Das Fruchtholz wird flach gehalten und nicht angeschnitten. Ein probates Mittel zur Formierung von Jungbäumen, aber auch zum

Abbinden bei älteren Bäumen, sind Ruten von Goldweiden, von denen jeder Obstbauer und Gartenbesitzer eine anpflanzen sollte.

„Wenn ein zehnjähriger Apfelbaum schon an jedem Leitast eine Stütze braucht, dann ist dies nicht schön, wie manche meinen, sondern eine gravierende Fehlerziehung von alten und zu flachen Leitästen."

Mit diesen flexiblen, jedoch auch sehr stabilen Ruten kann man - je nach Wunsch - flach oder hoch binden, ohne dass an der empfindlichen Rinde eine Verletzung entsteht.

Die anzustrebende Form eines Baumes soll ein nach oben, zum Licht hin offener Trichter sein - noch anschaulicher wird es, wenn man sich die Form eines schwäbischen Viertelesglases vorstellt, das quasi von den äußeren, begleitenden Fruchtästen umrissen wird.

Ganz wichtig ist, dass die Bäume zum Breitenwachstrum erzogen werden und dass von allen Seiten Arbeitseingänge bleiben. Erreicht wird dies zum einen durch die Beschränkung der Leitäste, zum anderen dadurch, dass die begleitenden Fruchtäste konsequent nach außen gezogen werden. Bei diesem System wächst kein Ast nach innen.

Die Mitte soll eine Art Spindel sein und den Baum nicht dominieren. So entsteht quasi eine demokratische Krone - kein Ast hat mehr Recht als ein anderer, keiner beschattet den anderen. Auf diese Weise werden Schattenfrüchte vermieden, das Obst wird wohlschmeckend.

Außerdem ist ein so aufgebauter Baum gut abzuernten - zu einem großen Teil sogar vom Boden aus.

„Ein einfaches Prinzip: Zweige vermeiden, statt später schneiden!"

Links:
Ein junger Baum mit Oeschberg-Krone in Strümpfelbach - bereits jetzt geht er stark in die Breite, alle Äste wurden nach außen gezogen, kein einziger Ast wächst nach innen. Eine nicht dominierende Mitte bildet zusammen mit vier Leitästen eine Rundkrone. Die abgebundenen Äste werden zu Fruchtästen.

Gute Erziehung von einem dreijährigen Gravensteiner

Vorher

Ein zweijähriger Boskoop vor …

Nachher

… und nach dem Schnitt

Musteranlage Oßwald in Mittelstadt: Ein perfekter Aufbau ohne Firlefanz, kein Spreizen, fast kein Binden. Erreicht wurde dies durch Langschnitt und konsequentes Augenausbrechen. Überspitzt ausgedrückt könnte man fast sagen, Schneiden ohne Schnittstellen, eben einfach nur durch das Ausbrechen der Augen, die im nächsten Jahr nicht benötigt werden. So ein „Palmerbaum" ist bei gleichen Standortbedingungen in fünf Jahren doppelt so groß wie nach der alten Methode, bei der jährlich bis zu zwei Drittel des Zuwachses auf den Boden geschnitten werden.

Ein gut erzogener Birnbaum mit dreijähriger Krone – der Wuchs ist stark, der Baum bereits ertragsfähig. Musteranlage Oßwald, Mittelstadt.

Pflege der Oeschberg-Kronen

Eine mustergültige Sauerkirschen-Anlage in Geradstetten im Remstal. Hier ist nur ein leichter Überwachungsschnitt notwendig.

Gut zu erkennen ist die Struktur von nicht dominierender Mitte und die beschränkte Zahl der Leitäste.

Nach dem Schnitt stehen die Bäume wieder da wie schwäbische Viertelesgläser.

Sämtliche Äste wurden nach außen gezogen, wirklich kein einziger wächst nach innen.

Am Ursprungsort des Oeschberg-Schnitts, auf der „Rütti", eine zum Inforama Oeschberg gehörende Landwirtschaftsschule, wo unter anderem Kurse für den Feldobstbau abgehalten werden, demonstriert Jürg Maurer, Leiter der Fachstelle Obst und Beeren in Oeschberg, den Ur-Oeschberg-Schnitt an einem fünfjährigen Hochstamm.

1. Jürg Maurer beim Pflegeschnitt.

4. Dieser Ast wächst zu stark zur Seite

5. Das Prinzip ist wieder erkennbar: Die Äste sollen nach außen wachsen.

8. Alles, was nach innen und oben am Leitast wächst, muss weg.

9. Die Mitte muss ausgelichtet werden.

12. Nur was flach ist, trägt gut.

13. Die Leitäste werden angeschnitten – …

Seite oder nach innen wachsende Äste
n entfernt.

3. Entfernt wird auch ein steil nach oben wachsender Aufsetzer.

·in Zweig bringt keine Frucht.

7. Steile Äste sind hier nicht erwünscht.

nkurrenztriebe werden entfernt.

11. Dieses Fruchtholz wird abgebunden.

e inneren Augen werden ausgeblendet.

15. Jetzt kann wieder Licht in den Baum.

Ist die Krone aufgebaut, beschränkt sich der Schnitt darauf, die Krone auszulichten und das Fruchtholz zu verjüngen. Die Äste im oberen Bereich reduziert man, damit die Krone nicht überbaut wird und genügend Licht ins Kroneninnere fällt. Äste, die der Leiter den Weg versperren und dürre Äste entfernt man.

Viele kleine Variationsmöglichkeiten sind in der Kronenerziehung möglich. Nur eines nicht: Man kann einen Baum niemals auf derselben Höhe halten beziehungsweise aufhalten. Die beste

Vorher

Junger Feldobstbaum auf dem Gut Rütti / Zöllikofen, das eng mit Oeschberg zusammenarbeitet. Der Baum ist von Anfang an nach dem traditionellen Oeschberg-Schnitt erzogen.

Nachher

Nach dem Pflegeschnitt: Wieder deutlich zu erkennen: die Mitte und in diesem Fall drei gleichmäßig verteilte Leitäste mit bekleideten Fruchtästen und Garnierung mit Fruchtholz

Helmut Ritter mit einem nach Palmer behandelten, fünfjährigen Gravensteiner auf Sämling.

Höhenbegrenzung sind aufrechte Leitäste mit starken, balkonartig begleitenden Fruchtästen.

Die Pflege einer Oeschberg-Krone ist vergleichsweise einfach - weil das System konsequent sehr wenige Maximen verfolgt und der Baum auch mit der Leiter problemlos zugänglich ist. Bei der Pflege ist vor allem darauf zu achten, dass die Äste nach außen gezogen werden. Seitenäste oder gar Äste, die nach innen wachsen, gibt es bei diesem System nicht. Äste, die nicht nach außen wachsen, werden deshalb

Die bekleidenden Fruchtäste müssen stabil sein und mit den Leitästen mitgezogen werden – das ist entscheidend, damit der Baum in die Breite wächst und das Höhenwachstum gebremst wird. Man erreicht dies durch Anschnitt der Fruchtäste. Hier arbeitet man meistens nicht mit dem Umkehraug-Verfahren, sondern man schneidet auf ein äußeres Auge. Diese Äste werden dennoch nicht zu steil, weil die Last des Obstes sie nach außen drückt.

Eine gut gepflegte Oeschberg-Krone – hier ein Kirschbaum über dem Remstal auf der Straße von Baltmannsweiler, Nähe Naturfreundehaus – beim Pflegeschnitt durch Palmer-Schüler Helmut Ritter und ein paar Wochen später in der Blüte. Deutlich zu erkennen die weit ausladende Rundkrone, die Leitäste mit ihren balkonartig angeordneten bekleidenden Fruchtästen. Der Baum ist von allen Seiten mit der Leiter gut zugänglich.

ausnahmslos entfernt. Die Mitte darf nicht zu stark werden und soll einer Spindel gleichen. Das Fruchtholz wird regelmäßig ausgewechselt.

Im Gegensatz zum Kronen-Aufbau, der für alle Obstbäume gleich ist, gibt es hier unterschiedliche Behandlungsweisen. So haben Boskoop, Brettacher und Gravensteiner nach Palmers Beobachtungen die maximale Leistungsfähigkeit am drei- bis sechsjährigen Fruchtholz, während bei den Sorten Jonathan, Golden Delicious, Cox Orange und James Grieve bereits das zweijährige Fruchtholz seine volle Leistungsfähigkeit überschritten hat.

Eine zweijährige Veredlung in bester Pflege – das Fruchtholz treibt reichlich garniert nach außen.

„Energiesparende und schonende Schnittart durch Augenausblenden!“

Hohe Erträge erreicht man bei der Erziehung des Fruchtholzes besonders bei starkwüchsigen Jungbäumen am schnellsten durch Abbinden der langen Holztriebe. Aber man sollte es nicht übertreiben, sonst kann es passieren dass sich der Baum überträgt und so gut wie keinen Neutriebzuwachs mehr bringt. Außerdem sollte man beim Abbinden der Triebe darauf achten, dass diese unter die Waagrechte kommen. Im oberen Teil der Leitäste sollte gar nicht abgebunden werden, weil sonst die Bildung von feinem Fruchtholz verhindert wird.

„Bei Veredlung wie Pflege gilt: Nicht zuviel abwerfen!“

„Die Baumpflege ist wie ein Schachspiel. Man muß im voraus wissen, welche Züge der Partner machen kann und man muß wissen, was man selber will!“

Nachschnitt eines wunderbaren Birnbaums, etwa 25 Jahre alt. Oben, dort wo die Schere angesetzt ist, die Reaktion des Umkehraug-Verfahrens.

Ein achtjähriger Hauszwetschgenbaum, Stammhöhe ca. 1,40 Meter – im Freiland ideal, aber die Obergrenze, um einen vernünftigen Baum aufzubauen. Die Krone, in diesem Fall mit nur drei Leitästen und der Mitte, ist hervorragend aufgebaut. An jedem Leitast befindet sich etwa dieselbe Menge an Fruchtholz. Deutlich erkennbar sind die angehängten Fruchtäste nach außen, welche beim Ertrag die gesamte Krone in die Breite ziehen. Musteranlage zwischen Owen und Beuren.
Im Hintergrund ein Aussiedlerhof mit Struwwelpeter-Anlage.

Verjüngung

Vorher

Boskoop – großartiger Fruchtholzbesatz, klarer Kronenaufbau, aber verjüngungsbedürftig.

Zur Verjüngung eines Baumes gehört in erster Linie die Auswechslung des Fruchtholzes. Aber auch größere Maßnahmen können erforderlich werden. Beispielsweise kann es passieren, dass ein Ast bei hohem Ertrag zu sehr abflacht. Als Leitast oder begleitender Fruchtast taugt er dann nicht mehr. Ganz sicher jedoch wird zunächst der Baum selbst reagieren und dagegen ansteuern. An der entsprechenden Stelle wird er einen oder mehrere Triebe nach oben entwickeln. Einen solchen Trieb gilt es nun, nur noch durch Umkehraug-Verfahren oder auch leichtes Abbinden in die gewünschte Stellung zu bringen.

„Das Ausbrechen von unnötigen Augen ist einfacher und erspart den Sommerschnitt."

Beim Umkehraug-Verfahren schneidet man in diesem Fall auf ein inneres Auge, das über einem kräftigen äußeren Auge sitzt. Dieses innere Auge wird einen steilen Trieb nach oben

Nachher

Derselbe Baum nach der Behandlung

entwickeln, der dann den eigentlich gewünschten Trieb nach außen in die ideale Schräglage drückt. Im Folgejahr kann der steile innere Trieb dann entfernt werden. Aufsetzer oder Reiter an abflachenden Ästen kann man auch mit der Rute einer Goldweise in die gewünschte Schräglage bringen.

Ob das abgeflachte Holz entfernt wird, ist von Fall zu Fall verschieden. Oft wechselt ein Ast lediglich seine Funktion - so kann beispielsweise der obere abgeflachte Teil eines Leitastes zum begleitenden Fruchtast werden Wenn der Ast jedoch abgetragen ist oder das klare Gefüge der Oeschberg-Krone stört, muss er selbstverständlich entfernt werden.

„Lieber keinen Schnitt als einen falschen!"

Mit einer Weide wird der Reiter in die gewünschte Schräglage gebracht.

Rechts oben:
Ganz von selbst reagiert der Baum mit neuen Austrieben, wenn ein Ast zu flach wird.

Rechts unten:
Aus dem Aufsetzer an der Knickstelle wurde ein Fortsetzungstrieb.

Eine Rarität, ein alter Luikenbaum bei Kohlberg. Außergewöhnlich: Luiken und Taffet-Äpfel dürfen nicht zurückgeschnitten werden. Sie wachsen im Naturbogen-System: Jungtriebe wachsen steil nach oben. Wenn sie in beruhigtem Zustand nach fünf bis sechs Jahren Fruchtholz gebildet haben und tragen, fallen sie um. Dies hat den Nachteil, dass in den unteren Astpartien lange Kahlstellen entstehen. Das kann man teilweise verhindern, wie man im Bild unten sieht.

Eine Astpartie im Vordergrund ist ausgelichtet. So kann man alle Äste dort abnehmen, wo sich der Fruchtastbogen dem Boden zuneigt. Nicht optisch täuschen lassen von dem unbehandelten Ast im Hintergrund.

Helmut Ritter verjüngt einen etwa 70 bis 80 jahre alten Bittenfelder in Strümpfelbach. Der abgetragene Fruchtast wird entfernt.

Ein neuer Trieb wurde rechtzeitig so gezogen, dass er jetzt die Funktion des Fruchtastes übernehmen kann.

Sanierung falsch geschnittener Bäume

Fast jeder falsch behandelte Baum kann saniert werden. Hier einige Beispiele, wie aus Pappeln wieder Zwetschgenbäume werden oder aus Struwwelpetern, auf denen nur Schattenobst wächst, lichte Kronen, die zuckerhaltige Früchte tragen. Immer gilt es, die Wachstumsgesetze zu beachten. Der Baum würde sagen: „Wenn Du Mensch mich oben abschneidest, dann reagiere ich mit Alarm, weil ich meine, daß man mir das Wachstum der Sonne zu wegnehmen will. Von Natur aus bin ich ausgestattet, dann doppelt und dreifach zu reagieren, und deshalb bringe ich in der Regel mehrere Mittelleittriebe, meistens drei".

Vorher

Parallel zur Mitte wachsen starke Konkurrenztriebe, die entfernt werden müssen. Außerdem muss die Mitte eingekürzt werden. Auf dem linken Leitast wachsen fünf Triebe nach innen und müssen allesamt entfernt werden.

Nachher

Die vierjährige Veredlung nach der Behandlung. Die Konkurrenztriebe zur Mitte wurden entfernt, ebenso die nach innen wachsenden Triebe auf dem Leitast. Die verbleibenden einjährigen Triebe wurden abgebunden. Wenn man jedoch nicht weit genug abbindet, entstehen Holz- statt Fruchttriebe.

Vorher

Das kann nur eine Pappel werden – typischer deutscher Hauszwetschgenbaum zwischen Basel und Rostock mit vier Astserien übereinander. Dabei ist es ein ausnahmsweise schöner Baum, der spielend umgestaltet werden kann durch eine Reduktion der zweiten und dritten Astserie. Ofterdingen bei Tübingen.

Nachher

Der gleiche Baum nach der Sanierung: Die Mitte wurde zu einer Spindel umgebaut, die zweite und dritte Astserie wurden reduziert. Leider machen es viele umgekehrt und nehmen nicht die unnötigen und sogar schädlichen Haupttäste in der Mitte zurück, sondern leiten die wertvollsten unteren Leitäste auf Nebenäste ab – ein häufiger Kardinalfehler.

Die Überreaktion des Baumes ist jedoch sehr einfach zu mildern, indem man mindestens ein Drittel bis die Hälfte aller Augen von oben herab ausblendet. Das geht ganz einfach mit dem Fingernagel oder mit dem Scherenblatt. Aufgrund dieses einfachen Tricks kann man um ein Vielfaches länger schneiden als sonst. Anders wäre es undenkbar, einen Jahrestrieb auf etwa 1,20 Meter anzuschneiden. Versäumt man es, die Augen auszubrechen, wird so ein Trieb unten kahl und nicht stabil. Bricht man jedoch die Augen aus, gelingt der Langschnitt bestens. Ein „Palmer-Baum" ist in fünf Jahren doppelt so groß wie ein Baum nach altwürttemberger Art.

An sich ist nahezu jeder Baum sanierbar - allerdings oft nicht auf einmal, sondern über mehrere Jahre. Nach und nach werden junge Äste auf dem alten Holz neu aufgebaut, und ebenso nach und

nach können dann überzählige und zu dichte Äste entfernt werden. Manchmal braucht eine solche Umstellung mehr als zehn Jahre, aber in dieser Zeit gibt es prächtige Erträge und auf einem alten wieder einen jungen Baum.
Viele Obstbauern machen es leider verkehrt und schneiden die jungen Triebe und Äste weg, weil sie angeblich nach oben gehen, und lassen dafür das alte, vergreiste Holz stehen. So ist ein Erfolg selbstverständlich ausgeschlossen. Richtig ist, den gesamten Trieb des Baumes zu benutzen, um wieder einen Jungbaum aufzubauen und das alte Holz entfernen zu können.

Vorher

Bittenfelder – ursprünglich von Helmut Palmer erzogen, dann fälschlicherweise abgeleitet.

Ein sanierter Kirschbaum in Obersasbach, Anlage Höss

Nachher

Der gleiche Baum – von Palmer-Schüler Helmut Ritter saniert

Ein total verwahrloster Birnbaum. Zwei Konkurrenztriebe gehen wie Pappeln in die Höhe. Ein späterer Sturmbruch des linken Schlitzastes ist nahezu unvermeidlich. Aber selbst solche Bäume sind noch gut umzustellen. Palmer hat den gesamten, etwa drei Meter hohen Leitast (Kreis) entfernt.

Ein ehemals nach dem falschen Knicksystem abgeflachter Leitast. Aus dem Trieb vor der Knickstelle wird der neue Leitast. Der zu flache und überladene Fruchtast kann dann in drei bis fünf Jahren abgesägt werden.

Die Sanierung eines Boskoops, der durch Abspreiz-Erziehung mit allen Leitästen abgekippt ist und an den ersten drei Metern völlig auskahlte. Wenn dann noch starke Aufsetzer (Reiter) außen auf einem abgekippten Leitast sitzen, muss jeder einzelne Ast im Ertrag und manchmal sogar auch ohne Ertrag abgestützt werden (Stützen lehnen am Stamm). Aber selbst so ein Baum kann saniert werden, allerdings nicht auf einmal. Junge Äste werden auf dem alten Holz innen neu gezogen. Nach und nach werden die überzähligen und zu dichten Fruchtäste, besonders alle, welche nach unten streben, entfernt. Manchmal braucht eine solche Umstellung über zehn Jahre. Aber in der Zeit gibt es prächtige Erträge und auf einem alten Baum wieder einen jungen Baum, bei dem der gesamte Trieb des Baumes benutzt und das alte Holz entfernt wurde.

Vorher

Ein etwa 20-jähriger Meterstamm auf Sämling in Winterbach im Remstal mit total verbautem württembergischen Drei-Astserien-System. Wie überall und immer ist die unterste wichtigste Astserie schon verkümmert. Die stärkste Serie ist die dritte Serie, also die ersten drei starken Äste von oben herab gesehen. Zahlreiche „Ständer" stehen auf den oberen Leitästen. Solche Bäume können von einem Laien nicht saniert werden, obwohl es einfach ist, wenn man's weiß.

Nachher

Der Baum nach der Hälfte der Sanierung: Starke Äste direkt an der Mitte zu entfernen, ist kein Problem und hundertprozentig sinnvoller, als solche Äste auf Nebenäste abzuleiten. An dem verbliebenen oberen Hauptast mit zwei sehr stark aufgesetzten Reitern sieht man die Notreaktion des Baumes. Auch dieser Ast musste ganz entfernt werden. Jetzt ist der Baum in der optimalen Weise ausgelichtet. Selbstverständlich ist diese vierte Serie, die jetzt oben erkennbar ist, zu weit oben und wird sehr stark wachsen. Es ist jedoch vollständig ausgeschlossen, dass ein solch verbauter Baum auf ein einziges Mal richtig saniert werden kann. Im kommenden Jahr müssen vor allem auf den verbliebenen, teils verkümmerten unteren vier Leitästen neue „Zugäste", sprich Leitastfortsetzungen nach oben gebaut werden. Dann ist es möglich, auf einer alten, verkorksten Krone eine vollständig neue Krone aufzubauen.

Gelber Boskoop am Lutherbaum über Strümpfelbach (Besitzer Alfred Wilhelm), von Helmut Palmer saniert und instandgesetzt.

Inhalt

Ein großes Danke schön an Helmut Ritter aus Strümpfelbach im Remstal,
der maßgeblich zur Fertigstellung des Buches beigetragen hat.
Anfragen für Schnittkurse mit Helmut Ritter unter Tel.: 0157 89523038

2 3 4 5 6   25 24 23 22 21

www.gudrunmangold.de

Mit freundlicher Unterstützung
der Stiftung Landesbank Baden-Württemberg

LBBW
Stiftung
Landesbank Baden-Württemberg

Abbildungen:
Smiljka Pavlovic, Waiblingen
Manfred Grohe, Kirchentellinsfurt
Kurt Eppler, Stuttgart
Horst Rudel, Stuttgart
Roland Bauer, Winterberg,
Inforama, CH-Oeschberg-Koppigen,
Stadtarchiv Schwäbisch Hall,
Gudrun Mangold Palmer-Archiv

Umschlag: Jürgen Reichert, Stuttgart, unter Verwendung
einer Fotografie von Smiljka Pavlovic, Waiblingen
Satz und Gestaltung: Ulrich Holzbog, Kornwestheim
Druck: Ottodruck, Oberndorf am Neckar

Printed in Germany auf FSC-Papier und mit einer plastikfreien Folie aus Zellulose.

ISBN 978-3-9822441-0-5

Unsere Gründungsveranstaltung fand am 18.11.1956 im Gasthaus „Zur Teck“ statt. Initiator war Helmut Palmer, der zusammen mit 7 interessierten Dettinger Bürgern einen weiteren Württembergischen Obstbauring gründete.

Im Dezember 1956 waren es bereits 12 interessierte Obstbaufreunde die von dem Oeschbergschnitt überzeugt waren und dem Verein beigetreten sind.

Der Verein hat derzeit 63 Mitglieder, die bei Bedarf Unterstützung durch Fachwarte und erfahrene Mitglieder erhalten. Als langjähriger Wegbegleiter von Helmut Palmer unterstützt Helmut Ritter aus Strümpfelbach den Verein in Form von Schnittkursen. Als weiterer Ratgeber und Kenner des Oeschbergschnitts ist auch Rudolf Thaler mit seinem langjährigen Fachwissen stets parat.

Der Erhalt unserer landschaftsprägenden Streuobstwiesen ist die oberste Prämisse des Obstbaurings Dettingen.

Interessierte und neue Mitglieder sind uns herzlich willkommen!

Friedrich Class, Vorstand
Mobil: 0157 54895807

Rudolf Thaler, Bissingen/Teck, empfiehlt dankenswerterweise folgende Vereine mit langjähriger Praxis Oeschberg-Palmer Schnitt:

Verein:	Ansprechpartner:
Obstbauring Dettingen unter Teck 1956 von Helmut Palmer initiiert	**Fritz Class**, Tel. 07021-56247, mobil 01575-4895807
OGV Assamstadt	**Matthias Herold**, E-Mail: herold.matthias@gmx.de
OGV Altendiez	**Jan Hoffmann**, E-Mail: jan3178@gmail.com
OGV Bissingen an der Teck	**Rudolf Thaler**, E-Mail: rudolf.thaler@gmx.de
OGV Bittenfeld 1952 von Helmut Palmer reinitiiert	**Helmut Läpple**, E-Mail: h.laepple@web.de
OGV Kirchentellinsfurt	**Stefan Luz**, E-Mail: mail@ogv-kfurt.de **Walter Stoll**, E-Mail: walter.stoll@himmelreich25.de
OGV Mössingen	**Hans-G. Wener**, E-Mail: hans.wener@uni-tuebingen.de
OGV Rietenau	**Alfred Binder**, E-Mail: alfred-binder@web.de **Axel Conrad**, E-Mail: axelconrad3@gmail.com
Fachwartvereinigung Markgräflerland e.V.	**Andreas Breisinger**, E-Mail: andreas-breisinger@gmx.de
„Arbeitskreis Obst" Amberg-Sulzbach	**Eduard Eckl**, E-Mail: re.eckl@googlemail.com

Willkommen im Schwäbischen Streuobstparadies!

www.streuobstparadies.de

Schwäbisches Streuobstparadies

Das Leid mit der Leiter! Für Helmut Palmer gab es nur eine Leiter: Aus Holz musste sie sein und das richtige Beschläg haben, das heißt flexible Gelenke, mit denen die Stützen dem Gelände angepasst werden können. Genau diese Leitern sind neuerdings seitens der Berufsgenossenschaft verboten. Aus welchem Grund? Die zuständige Abteilung der BG konnte diese Frage vor der Fertigstellung dieses Buches nicht beantworten. Alle befragten Obstgärtner und Stücklesbesitzer jedoch sind sich einig: es hat nie eine bessere und sicherere Leiter gegeben. Vielleicht wird das Verbot bis zur nächsten Auflage ja wieder aufgehoben - wir bleiben dran!